Hans-Jürgen Kratz

MENSCH MITARBEITER!

Hans-Jürgen Kratz

MENSCH MITARBEITER!

Der richtige Umgang mit Besserwissern,
Frustrierten, Perfektionisten,
Querulanten, Mobbern und Co.

metropolitan.

Bibliografische Information der Deutschen Nationalbibliothek
Die Deutsche Nationalbibliothek verzeichnet diese Publikation in der Deutschen Nationalbibliografie; detaillierte bibliografische Daten sind im Internet über *http://dnb.dnb.de* abrufbar.

metro**politan** – ein Imprint des Walhalla Fachverlags

1. Auflage 2018

Produktion: Walhalla Fachverlag, Regensburg
Umschlaggestaltung: init Kommunikationsdesign, Bad Oeynhausen
Printed in Germany
ISBN 978-3-96186-014-2

INHALT

Die Kündigung nur als letzte Option 7

1 **KEINEN FREIFAHRTSCHEIN FÜR SCHWIERIGE MITARBEITER** **9**

2 **DURCHSETZUNGSVERMÖGEN GEFRAGT** **17**

3 **DIE BUNTE WELT DER SCHWIERIGEN MITARBEITER** **29**
Alkoholabhängiger 31
Aggressiver/Angreifer 35
Arbeitsverweigerer 39
Arbeitszeitbetrüger 41
Aufschieber 43
Außenseiter/Eigenbrötler 45
Beleidiger 46
Besserwisser/Neunmalkluger/Oberschlauer 48
Betriebstourist 51
Blaumacher 53
Boreout-Infizierter 55
Bremser/Veränderungsblockierer 57
Choleriker 61
Chronischer Miesmacher/Nörgler 64
Chronischer Zuspätkommer 68
Denunziant 71
Destruktiver Oppositioneller 73
Dieb 75
Drückeberger 78
Entscheidungsschwacher/Zauderer 80
Faulpelz 85
Flucher 87
Fortbildungsmuffel 89
Frustrierter 92
Gekündigter 95
Gewohnheitstier 99
Grapscher 101
Grenzüberschreiter 102

Hypochonder ... 104
Ideenkiller ... 106
Informeller Führer ... 108
Innerlich Gekündigter/Demotivierter ... 110
Intrigant/Giftschlange ... 114
Jammerlappen ... 116
Klatschtante/Tratschmaul ... 119
Kontrollfreak ... 122
Leistungsschwacher/Minderleister ... 124
Lügner ... 128
Misstrauischer ... 130
Mobber ... 133
Neider ... 138
Nestbeschmutzer ... 140
Nichtdelegierer ... 142
Perfektionist/Pedant ... 145
Pessimist ... 149
Phrasendrescher ... 152
Planloser ... 155
Pseudo-Burnout-Stratege ... 157
Redseliger/Quasselstrippe/Weitschweifiger ... 159
Rückdelegierer ... 161
Schaumschläger/Blender/Großmaul ... 164
Schleimer/Radfahrer/Schmeichler/Speichellecker ... 166
Schreibtischchaot ... 168
Schweiger/Introvertierter ... 171
Sensibler ... 173
Spezialist mit Diva-Allüren ... 175
Streitsüchtiger ... 178
Stuhlsäger ... 180
Sündenbock/Omega-Huhn ... 182
Überqualifizierter ... 184
Übertreiber/Aufbauscher ... 186
Uneinsichtiger/Sturkopf/Dickschädel/Unbelehrbarer ... 188
Unschuldslamm/Schuldabwälzer ... 191
Unzuverlässiger ... 194
Weisungsmissachter ... 196
Workaholic/Arbeitstier ... 200

4 LETZTE OPTION: ARBEITSRECHTLICHE SCHRITTE ... 205

Stichwortverzeichnis ... 214

DIE KÜNDIGUNG NUR ALS LETZTE OPTION

Manche Führungskräfte setzen alle Hebel in Bewegung, um ihre angeblich schwierigen Mitarbeiter daran zu hindern oder davon abzubringen, weiterhin Unruhe in ihrem Unternehmen zu stiften. In ihren Augen besteht der beste Ausweg im Umgang mit diesen „hoffnungslosen" Fällen in einer Trennung, um allen Beteiligten Zeit, Nerven und Energie zu sparen.

Andere Vorgesetzte meiden eine direkte Konfrontation, wählen verzagt den Weg des geringsten Widerstands und lassen schwierige Mitarbeiter trotz ihres Fehlverhaltens zähneknirschend gewähren, auch wenn dadurch die Arbeitsergebnisse geschmälert und das Betriebsklima unterminiert wird. Die Folge: Firmen schleppen Mitarbeiter mit mangelhaften Leistungen und/oder fehlerhaftem Verhalten mit, obwohl sie es sich nicht leisten können.

Auf den ersten Blick erscheint manchem Vorgesetzten die baldige Trennung von einem schwierigen Mitarbeiter erstrebenswert. Bei näherer Betrachtung wird er jedoch erkennen, dass eine vorzeitige Beendigung des Arbeitsverhältnisses keine optimale Problemlösung bewirkt. Ob und wann der frei gewordene Arbeitsplatz in Zeiten eines sich verstärkenden Arbeitskräftemangels (nach einer Einschätzung des Deutschen Industrie- und Handelskammertags im März 2018 können ungefähr 1,6 Millionen Arbeitsplätze längerfristig nicht besetzt werden) mit einem wollenden (Motivation) und könnenden (Know-how) Bewerber besetzt werden kann, ist ungewiss. Auch muss viel Zeit eingeplant werden, bis die Integration des Neulings in das Unternehmen gelungen ist und er in vollem Umfang das anfängliche Vakuum zu allseitiger Zufriedenheit ausfüllt.

Daher wird ein verantwortungsbewusster Vorgesetzter zumeist von einer Trennung absehen und es als besondere Herausforderung betrachten, mit anderen Vorgehensweisen den Wandel eines Sorgenkinds zu einem „gezähmten" Mitarbeiter einzuleiten. Dafür tritt die Option einer Kündigung in den Hintergrund und gewinnt nur bei gravierenden Anlässen an Bedeutung.

Allerdings stellt sich bei Vorgesetzten Ratlosigkeit bei der Frage ein, wie mit schwierigen Mitarbeitern idealerweise umzugehen ist. Es fehlt an verwertbaren Erfahrungen oder dem notwendigen Know-how, welche Möglichkeiten für die Problemlösung zur Wahl stehen.

In meinen Seminaren wurde ich regelmäßig von Teilnehmern gefragt: „Herr Kratz, einer meiner Mitarbeiter bereitet mir schon seit längerer Zeit große Probleme. Vielleicht können Sie mir einen Rat geben?" Als Außenstehender, der die Gesamtumstände nur bruchstückhaft, vor allem nur einseitig und negativ besetzt aus dem Blickwinkel des Vorgesetzten erfuhr, ist es schwierig, mit ruhigem Gewissen eine fallbezogene Empfehlung auszusprechen.

Dafür verfestigte sich bei mir die Vorstellung, ein Kompendium über schwierige Mitarbeiter mit Empfehlungen und Handlungsanstößen zu Papier zu bringen, das dem Ratsuchenden generelle Reaktionsmöglichkeiten anbietet. Hiernach sollte sich unter Berücksichtigung der konkreten Situation die Entscheidungssicherheit erhöhen.

Was dabei jedoch nie unberücksichtigt bleiben darf, ist die Individualität der verschiedenen Situationen und der beteiligten Personen. Auch wenn Sie alle Bewältigungsstrategien dieses Buches eins zu eins in Ihre Führungspraxis übertragen, bleibt dennoch ein Restrisiko, da es keine allgemeingültigen und hundertprozentig zutreffenden Regeln in der Mitarbeiterführung gibt.

Zum besseren Verständnis dieses Buches sind vier Aspekte zu nennen:

1. Die im dritten Kapitel dargestellten Störfaktoren mit Bewältigungsstrategien sind so formuliert, dass der Leser sie im Regelfall direkt übernehmen kann.
2. Ziel dieses Buches ist nicht die wissenschaftliche Abhandlung zum Thema, sondern im Vordergrund steht die Praxisorientierung. Dem Leser werden ohne Umschweife die wesentlichen sachlichen Hintergrundinformationen und praktikable Handlungsvorschläge vermittelt.
3. Dieses Buch ist ein Sachbuch und ist daher nicht mit einer juristischen Beratung vergleichbar, sodass keine Gewähr für die Aktualität der rechtlichen Hinweise übernommen wird. Im Bedarfsfall sollte juristischer Rat bei einem kompetenten Fachanwalt eingeholt werden.
4. Lediglich zur besseren Lesbarkeit wird die männliche Sprachform verwendet. Selbstverständlich sollen sich Leserinnen ebenso angesprochen und durch diese Vereinfachung keinesfalls diskriminiert fühlen.

Ich wünsche Ihnen viel Erfolg bei der Umsetzung in Ihre Führungs- und Berufspraxis und wertvolle neue Erkenntnisse.

Hans-Jürgen Kratz
www.personaltraining-kratz.de

1

KEINEN FREIFAHRTSCHEIN FÜR SCHWIERIGE MITARBEITER

Jeder Mitarbeiter ist mit seinen Stärken und Schwächen unverwechselbar und einzigartig. So bleibt nicht aus, dass dieses Unikat in seinem Verhalten unbeabsichtigt oder vorsätzlich von der üblichen Norm abweicht. Demzufolge erleben wir Individualisten, die mit ihren Macken und Eigenheiten besonders auffallen. Stellen sie hierdurch den Arbeitserfolg infrage oder werden persönliche Animositäten berührt, identifizieren wir sie mit ihrem destruktiven Verhalten bald als schwierige Mitarbeiter und versuchen nun regelmäßig, sie auf den – in unseren Augen – richtigen Weg zurückzuführen.

Trotz ständiger Bemühungen und mancher Erfolge sollten wir aber nicht mit einem dauerhaft konfliktfreien Miteinander rechnen. Weil Menschen häufig gegensätzliche Bedürfnisse mit sich herumtragen, sind Konflikte unvermeidbar und allgegenwärtig. Auslöser für menschliche und organisatorische Reibereien sind diverse interne und externe Einflussfaktoren, etwa:

- unterschiedliche Interessen
- unterschiedliche Erfahrungen
- unterschiedliche Persönlichkeitsstrukturen
- unterschiedliche Informationsquellen
- unterschiedliche Informationsverarbeitung
- knappe Mittel und Möglichkeiten
- gegensätzliche Ziele, Werte und Normen
- organisatorische Probleme
- Einflüsse von außen

Im Einzelfall helfen wir, hieraus resultierende Konflikte sozialverträglich zu lösen. Dennoch bleibt es eine Utopie, einen konfliktfreien Zuständigkeitsbereich ohne jegliches Fehlverhalten einzelner Akteure anzustreben. Dieser Zustand wurde mit der Vertreibung von Adam und Eva aus dem Paradies vertan.

Auch künftig werden wir mit Irritationen leben müssen, die schwierige Mitarbeiter auslösen. Ihre Reaktionen hierauf sollten der jeweiligen Situation angepasst sein. Sie werden nicht jegliches Fehlverhalten nach dem Motto „Die Strafe folgt auf dem Fuß“ sogleich sanktionieren. Der Schriftsteller Wieslaw Brudzinski gibt zu bedenken:

DER VERSTAND SIEHT JEDEN UNSINN,
DIE VERNUNFT RÄT, MANCHES DAVON ZU ÜBERSEHEN.

Während Sie unwesentliche Verfehlungen nur am Rande zur Kenntnis nehmen, werden Sie aktiv, wenn das Fehlverhalten ein störendes und nicht mehr zu tolerierendes Ausmaß annimmt. Würden Sie über eine längere Zeit dem Mitarbeiter tatenlos bei dessen kritikwürdigen Verhalten zusehen, inkonsequent oder sogar gar nicht dagegen einschreiten, hätte dies eine negative Wirkung auf andere Mitarbeiter. Die hohe Fehlertoleranz sowie eine Nichtahndungskultur des Vorgesetzten würden dazu führen, dass sich zunehmend mehr Kollegen einen gewissen Schlendrian zu eigen machen – schließlich sind keinerlei Konsequenzen zu befürchten. Schnell kann sich dadurch ein florierendes in ein von Insolvenz bedrohtes Unternehmen verwandeln.

Als verantwortungsbewusste Führungskraft werden Sie gewiss eine Situationsverbesserung herbeiführen wollen. Bedenken Sie dabei bitte, dass mit Ihrer Vorgesetztenfunktion kein Erziehungsauftrag verbunden ist. So wird es im Einzelfall schwierig sein, einen Mitarbeiter von Verhaltensweisen abzubringen, die er sich über einen längeren Zeitraum angewöhnt hat. Wollen Sie ihn nun rigoros umerziehen oder neu erfinden, werden Sie vermutlich auf Widerstand stoßen. Veränderungen im Mitarbeiterverhalten setzen daher Ihre soziale Sensibilität voraus.

Schwierige Mitarbeiter sind oft ungerecht, ungnädig, übellaunig, aggressiv und ausgesprochen unausstehlich. Doch sollten wir eines nicht vergessen: Wir selbst sind auch manchmal schwierig, an manchen Tagen schlecht gelaunt und greifen andere Personen ungerechtfertigt an. In einem gewissen Grad ist das einfach menschlich. Da wir uns aber nur selten unbeherrscht oder destruktiv geben, sondern uns zumeist konstruktiv und sozialverträglich verhalten, werden wir nicht als schwierige Menschen eingeordnet. Trotzdem täte uns hin und wieder etwas Selbstreflexion gut. Bereits in der Bibel wird gefragt:

WAS SIEHST DU ABER DEN SPLITTER IM AUGE DEINES BRUDERS,
DEN BALKEN ABER IN DEINEM AUGE BEMERKST DU NICHT?
MATTHÄUS 7, 3

Es ist nicht in Stein gemeißelt, dass ein in den Augen der Führungskraft schwieriger Mitarbeiter ewig ein schwieriger Mitarbeiter bleiben muss. Deshalb bemühen sich Vorgesetzte, schwierige Mitarbeiter mit „guten Worten" zu überzeugen. Doch das genügt nicht! Tatsächlich verändern Menschen ihr Verhalten zu ca. 90 Prozent durch Imitation. Lebt ein Chef seinen Mitarbeitern das vor, was er von ihnen erwartet, erleichtert ihm dies die Erledigung seiner Führungsaufgaben. Keine Anweisung, keine Ermahnung, keine Kritik und keine Predigt sind so wirkungsvoll wie das gelebte Vorbild einer Führungskraft. Es bereitet Mitarbeitern nicht nur Mühe, sich einem überzeugenden Beispiel zu entziehen, sondern es erzeugt bei ihnen auch ein schlechtes Gewissen. So erkannte Mark Twain:

WENIGE DINGE AUF ERDEN SIND LÄSTIGER ALS DIE STUMME MAHNUNG,
DIE VON EINEM GUTEN BEISPIEL AUSGEHT.

Das ständige Negativverhalten eines Mitarbeiters kann sich in vielerlei Weise ungünstig auswirken, zum Beispiel:

- Das Betriebsklima wird wegen unfairer, skrupelloser Methoden belastet.
- Leistungen von Mitarbeitern und Kollegen werden negativ beeinflusst.
- Betriebsergebnisse verschlechtern sich nach einiger Zeit.
- Das Fehlverhalten bindet Kapazitäten und Ressourcen bei Führungskräften.
- Der gute Ruf von Abteilungen oder Führungskräften wird beschädigt.
- Konflikte treten häufiger in den Vordergrund.
- Die Fluktuation im Unternehmen steigt.

So sorgen diese als unangenehm empfundenen Zeitgenossen immer wieder für Verdruss. Der Vorgesetzte sollte das jedoch nicht als gegeben hinnehmen wie etwa das Wetter („Er ist nun einmal so, da kann man nichts ändern ...“, „Damit muss man leben ...“, „Man muss ihn nehmen, wie er ist ...“), sondern er sollte erkennen, dass es sich lohnt, auf schwierige Mitarbeiter einzuwirken. Damit kann er auf der einen Seite verhindern, dass der Zusammenhalt des Teams und bisher positive Leistungsergebnisse gefährdet werden, andererseits kann er erreichen, dass sich die Mitarbeiter in einem zufriedenstellenden Umfeld mit ihrem Know-how engagiert und motiviert einbringen.

Mancher Leser mag sich fragen, ob es nicht möglich ist, bereits bei der Einstellung neuer Mitarbeiter die Spreu vom Weizen zu trennen, sodass „schwierige“ Personen gar nicht erst die Schwelle des Unternehmens überschreiten können. Schließlich stehen viele Auswahlverfahren bereit, wie:

- Analyse und Auswertung von Bewerbungsunterlagen
- Vorstellungsgespräch
- Gruppendiskussion
- Testverfahren
- Grafologische Gutachten
- Stress-Interview
- Assessment-Center
- Arbeitstag auf Probe

Mit diesen Methoden wird vorrangig die fachliche Eignung geprüft und im besten Fall ermittelt, ob die Persönlichkeit des Bewerbers in das künftige berufliche Umfeld passt. Doch auch das Ergebnis eines Auswahlverfahrens ist kein Indikator für ein „perfect match“. Schließlich kommt es immer wieder vor, dass Bewerber eingestellt werden, die den Vorstellungen des Arbeitgebers hinsichtlich ihrer sozialen/fachlichen Kompetenz nicht voll gerecht werden und sich später als schwierige Mitarbeiter herausstellen. Woran das liegt? Wilhelm Busch gibt Auskunft:

WIE WOLLTEST DU DICH UNTERWINDEN
KURZWEG DIE MENSCHEN ZU ERGRÜNDEN?
DU KENNST SIE NUR VON AUSSENWÄRTS,
DU SIEHST DIE WESTE, NICHT DAS HERZ.

Darüber hinaus entwickelt sich jeder Mensch im Laufe der Zeit weiter, was Einfluss auf unsere Persönlichkeit, unsere Ansichten oder Erwartungshaltungen hat. Entsprechend können sich beim Mitarbeiter Verhaltensmuster ändern, die nicht vorhersehbar waren. Während ein Mitarbeiter motivierende Umstände am Arbeitsplatz vorfindet und über sich hinauswächst, fristet ein anderer Mitarbeiter bei unbefriedigenden Umwelteinflüssen ein Schattendasein und liebäugelt mit zivilem Ungehorsam.

Sie können jeden Ihrer Mitarbeiter grob in eine der folgenden Gruppen einordnen:

Wunsch-Mitarbeiter

Hierzu zählen die als Überflieger, Leistungsträger, Leistungshelden oder Leuchttürme bezeichneten Mitarbeiter. Bei Übertragung eines Auftrags genügen nur wenige Worte und der Mitarbeiter erkundigt sich nur noch, wann seine – im Regelfall vorzüglichen – Arbeitsergebnisse abzuliefern sind.

Mitarbeiter mit zufriedenstellenden Arbeitsergebnissen und sozialverträglichen Umgangsformen

Sie gehen tagtäglich zuverlässig ihrer Arbeit nach und bilden das Gros der Betriebsangehörigen. Diese Mitarbeiter fallen weder durch häufige Fehler noch durch nobelpreisverdächtige Leistungen auf. Ohne sie würde jedes Unternehmen kaum überwindbare Probleme bekommen.

Schwierige Mitarbeiter, Problemfälle, Sorgenkinder

Der Führungsaufwand ist groß, denn diese Mitarbeiter müssen – zumindest bei ihren Schwachstellen – oft an die Hand genommen und Schritt für Schritt zum Ziel geführt werden. Dies kann Frustrationen bei Führungskräften auslösen, die einer Situationsverbesserung entgegenstehen.

Die vielfältigen Klagen von Führungskräften über schwierige Mitarbeiter erwecken den Eindruck, in den meisten Unternehmen würden faule Trittbrettfahrer, behäbige Dünnbrettbohrer, lustlose Fast-Rentner, Griesgrame, feierabendorientierte Betriebsstatisten, Störenfriede, Nervensägen, Fieslinge, Stinkstiefel, Giftmischer, Mistkerle, Klimavergifter, Querulanten, Kotzbrocken, Widerlinge, Giftzwerge und Neurotiker ihr Unwesen treiben. Das ist der intensiven Wahrnehmung der als Problemfälle eingeschätzten Mitarbeiter zuzuschreiben. Diese Klientel steht häufig im Fokus, weil sie ausgiebig das Nervenkostüm der Vorgesetzten strapaziert, sich viel zu oft als Energiesauger erweist und einen hohen Führungsaufwand erfordert. Durch die oft „unrunde" Zusammenarbeit baut sich bei den Führungskräften Stress auf, der sich physisch und psychisch bemerkbar macht. Das signalisieren folgende typischen Floskeln, die sich zunehmend in den Sprachgebrauch einschleichen, zum Beispiel:

- Immer wieder ärgere ich mich schwarz über ...
- Darüber zerbreche ich mir schon seit langem den Kopf.
- Mir sträuben sich die Haare, wenn ich daran denke ...
- Mir lief die Galle über.
- Das hat mir die Sprache verschlagen.
- Ich habe von ihm die Nase gestrichen voll.
- Ständig muss ich ihm die Stirn bieten.
- Das ist wieder einmal zum Kotzen.
- Mir blieb die Spucke weg
- Ich kann sie nicht mehr sehen/hören.
- Da heißt es, Zähne zusammenbeißen.
- Es standen mir die Haare zu Berge.
- Er liegt mir schon seit Wochen schwer im Magen.

Führungskräfte wenden bei Führungsfragen geschätzte 80 Prozent ihrer Aufmerksamkeit für schwierige Mitarbeiter auf, während nur noch 20 Prozent für den Austausch mit Wunsch-Mitarbeitern und Mitarbeitern mit zufriedenstellenden Arbeitsergebnissen und sozialverträglichen Umgangsformen verbleiben.

Fühlen sich Führungskräfte von schwierigen Mitarbeitern massiv gestört – und das dürfte bei vielen Vorgesetzten die Regel sein, die sich um eine erfolgreiche Aufgabenerledigung ihres Teams bemühen –, sollten sie die Situation ansprechen. Schlechter kann es schließlich kaum mehr werden. Stattdessen besteht die Chance, dass sich die Situation anschließend zum Guten wendet. Wird das Störende aber nicht angesprochen, ärgert man sich weiter über die unbefriedigende Situation und verleidet sich so sein Leben. Das Leben ist zu kurz, als dass wir es vom Ärger beherrschen lassen. Wir haben zwar ein Recht darauf, uns zu ärgern, doch niemand verpflichtet uns dazu! Was sagt Kurt Tucholsky?

DAS ÄRGERLICHE AM ÄRGER IST, DASS MAN SICH SCHADET,
OHNE ANDEREN ZU NUTZEN.

Und der Dalai Lama gibt zu bedenken:

LASS DAS VERHALTEN ANDERER NICHT DEINEN INNEREN FRIEDEN STÖREN.

Kein Mitarbeiter ist per se schwierig. Er steht sich – aus dem Blickwinkel des Vorgesetzten betrachtet – mit manchen Verhaltensweisen und Eigenschaften immer wieder selbst im Weg, sodass sich bald die Bewertung verfestigt, keinen pflegeleichten Mitarbeiter vor sich zu haben.

Führungskräfte sollten ihren Zuständigkeitsbereich weder zu einer Wohlfühloase nach dem Motto „Friede, Freude, Eierkuchen“ noch zu einer strikt auf Aufgabenerledigung bedachten Organisationseinheit umfunktionieren. Ziel zeitgemäßer Mitarbeiterführung ist es, beide Aspekte möglichst gleichrangig im Blickfeld zu behalten:

Bestmögliche Aufgabenerledigung bei gleichzeitig größtmöglicher Zufriedenheit der Mitarbeiter.

Werden diese Aspekte ständig von schwierigen Mitarbeitern konterkariert, ist Sand im Getriebe und das Image des Vorgesetzten leidet. Mit einem erhöhten Führungsaufwand sollte es aber gelingen, mit den „Störenfrieden" erfolgreich umzugehen, ohne hierbei die Nerven zu verlieren oder der Zusammenarbeit mit ihnen aus dem Weg zu gehen. Dabei wird Ihnen Ihre Durchsetzungskraft helfen, nicht als Weichei, Warmduscher, Leisetreter oder Jein-Sager abgestempelt zu werden.

2

DURCHSETZUNGS-VERMÖGEN GEFRAGT

Unter Durchsetzungskraft oder Stehvermögen verstehen wir die zum Erreichen betrieblicher Ziele notwendige und sozialverträgliche Selbstbehauptung und Beharrlichkeit, die Sie zu einem „Realisierer mit sozialem Geschick" werden lassen. Dabei sollte Ihr Durchsetzungswille gepaart sein mit verbindlichen Umgangsformen und einer wertschätzenden Grundeinstellung bei eindeutiger sachlicher Positionierung.

Das Durchsetzungsvermögen beruht auf dem Zusammenspiel Ihrer rationalen, emotionalen, akustischen und visuellen Reaktionen. Daraus ergibt sich eine Vielzahl an Durchsetzungsstrategien, aus der wir auf 16 Empfehlungen näher eingehen:

1. **Nehmen Sie das Heft in die Hand.**
   Als Vorgesetzter sind Sie verpflichtet, als Leitwolf Ihre Mitarbeiter in Richtung gewünschter Ziele mitzuziehen. Dabei halten Sie die Fäden in der Hand und planen, organisieren und entscheiden. Allerdings zögern manche Vorgesetzte, das Ruder zu übernehmen und konzentrieren sich stattdessen darauf, ihre Sachaufgaben ordentlich zu erledigen.

   Sie hingegen lassen die Dinge in Ihrem Wirkungsbereich nicht passiv auf sich zukommen, sondern greifen aktiv in das Geschehen ein. Ließen Sie die Dinge um sich herum nur geschehen, ohne sie selbst anpackend, regelnd und steuernd zu gestalten, würden andere Menschen das Führungsvakuum füllen und Sie zu einem ausführenden Organ degradieren.

   Führungskräfte, die lediglich als Spielball in den Händen anderer ihr Dasein fristen, sind fehl am Platze und werden längerfristig kaum eine exponierte Stellung behalten können.

2. **Machen Sie den ersten Schritt, denn Sie wollen agieren statt reagieren.**
   Hierfür ist es erforderlich, Zutrauen zur eigenen Person zu haben. Welche brachliegenden Ressourcen in Ihnen schlummern und wann Sie Ihr Maximum erreicht haben, ist völlig ungewiss. Mit einem gesunden Selbstvertrauen nehmen Sie die Fahne in die Hand und marschieren los – und Ihre Mitarbeiter werden Ihnen folgen. Sie werden durch dieses Handeln die Aussage „Wer macht, hat Macht" bestätigt sehen. Allerdings dürfen Sie keinen blinden Aktivismus praktizieren, sondern sollten wohlvorbereitet nach dem Grundsatz starten: „Erst denken, dann handeln".

3. **Setzen Sie sich eindeutige Ziele.**
   Derjenige, der genau weiß, was er will und sich auch über seine Vorgehensweise Gedanken gemacht hat, hat größere Chancen, das Angestrebte zu erreichen als derjenige, der seine Handlungen dem Zufall oder spontanen Eingebungen überlässt.

Setzen Sie sich für eigene Handlungen Ziele, an die Sie glauben und mit denen Sie sich identifizieren. Eine einprägsame Art, die wichtigsten Eigenschaften von Zielen zu beschreiben, bietet das Akronym SMART:

S	=	spezifisch	=	klar, eindeutig: Inhalt/Ausmaß/Zeit
M	=	messbar	=	ideal Zahlen, Daten – keinesfalls schwammig
A	=	aktiv beeinflussbar	=	aus eigenen Aktivitäten erreichbar
R	=	realistisch	=	nicht überfordernd
T	=	terminiert	=	stets mit Terminangabe, auch bei Teilzielen

Betrachten Sie definierte Ziele bitte nicht als unabänderlich. Statt stur das bisherige Ziel mit Scheuklappen weiter zu verfolgen, sollten Sie in der Lage sein, bei neuen Informationen oder wesentlichen Veränderungen agil zu reagieren und Ihren ursprünglichen Weg zum Ziel entsprechend zu korrigieren.

4. Fahren Sie einen klaren Kurs.

Erfahrungsgemäß begegnen Mitarbeiter dem Vorgesetzten, der klar redet und eine unmissverständliche Positionierung (vergleichbar mit den in der Tierwelt üblichen Duftmarken) einnimmt, mit Akzeptanz, Wertschätzung und Respekt. Diese Führungskraft tritt als verlässlicher Partner in Erscheinung und hetzt nicht planlos, unstet und ungeduldig von Ziel zu Ziel. Die generelle Richtung wird nicht bei den ersten Widerständen aufgegeben, sondern ermöglicht den Beteiligten, auch in schwierigen Phasen dank der Kontinuität und Verlässlichkeit die Bodenhaftung nicht zu verlieren.

Mancher Vorgesetzte will wegen seines ausgeprägten Harmoniebedürfnisses allen Mitarbeitern entgegenkommen. Bei dem Bemühen, es seiner Umgebung recht zu machen, vergisst er aber häufig eine Person: sich selbst. Als „rundgelutschter" Vorgesetzter verlässt er schnell den eingeschlagenen Kurs und gleicht eher einem schwankenden Halm im Wind. Besser wäre es, sich hin und wieder unbeliebt zu machen, statt scheinbar willkürlich immer neuen Eingebungen zu folgen und unentschlossen zu führen.

Bei gutem Wetter kann fast jeder einigermaßen führen. Demgegenüber gilt es, bei schlechtem Wetter und glatter/nasser Fahrbahn das Steuer fest in der Hand zu halten, um die Richtung und das Ziel beizubehalten.

5. Gehen Sie Sachverhalten auf den Grund.

Manche Situationen erfordern schnelle Entscheidungen, die unverzüglich umzusetzen sind. Sie sollten jedoch die Ausnahme bilden. Auch wenn Sie als „Macher" gelten wollen, vermeiden Sie bei Problem- und Konfliktlösungen Schnellschüsse nach der Ksf-Methode (kurz – schnell – falsch). Eine flüchtige Herangehensweise mit folgenden bedenklichen Ergebnissen würden Ihr Image und Ihre Durchsetzungskraft beschädigen.

Investieren Sie besser Ihre Zeit und Ihre Nerven in nachhaltige Lösungen, indem Sie vor einer abschließenden Regelung die Ermittlung des Kernproblems anstreben.

Oft lösen vordergründige Aspekte das Eingreifen von Vorgesetzten aus. Diese Anlässe sind dann zwar der Auslöser, jedoch nicht die Ursache des Geschehens. Denken Sie an Beschwerden von Mitarbeitern über Kollegen. Der momentane Beschwerdegrund stellt manchmal den berühmten letzten Tropfen dar, der das Fass zum Überlaufen gebracht hat. Geht der Vorgesetzte der Beschwerde auf den Grund, werden oft zusätzliche Punkte erkennbar, die bereits in der Vergangenheit das Klima zwischen den beiden Kollegen mit negativen Ergebnissen beeinflussten. Beißt sich nun der Vorgesetzte am letzten, die aktuelle Beschwerde auslösenden Streitpunkt fest, können Konflikte weiter schwelen und die Zusammenarbeit behindern, weil die grundlegende Störung nicht behoben wurde. Diese Störung hat möglicherweise die unangenehme Eigenschaft, später mit der Gewalt eines Tornados wieder alles durcheinanderzuwirbeln. Basteln Sie lediglich an einzelnen Symptomen herum, wird Ihr Vorgehen immer Flickwerk bleiben. Die Situation lässt sich mit einem undichten Wassersack vergleichen: Kaum hat der Vorgesetzte eine undichte Stelle repariert, taucht durch den veränderten – und nicht beseitigten – Druck anderswo das nächste Leck auf.

Eine gewissenhafte Analyse des Vorgefallenen lässt Sie das Kernproblem erkennen, dem Sie nun mit voller Aufmerksamkeit gezielt zu Leibe rücken. Letztendlich wird Ihre Durchsetzungskraft bald positiv bewertet werden: „Was er anpackt, schließt er auch mit einem ordentlichen Ergebnis ab.“

6. **Beschränken Sie ein Durchsetzen auf Biegen und Brechen auf Einzelfälle.**
Unklug wäre es, stets die Ellenbogen auszufahren, um die eigene Position mit Brachialgewalt zu vertreten und stur durchzusetzen. Denken Sie beispielsweise an Fehlentscheidungen, die trotz Ihres verantwortungsvollen Vorgehens auf Ihr Konto gehen. So mancher Vorgesetzter glaubt es in diesem Fall seiner Funktion schuldig zu sein, sich mit schwerlich nachvollziehbaren, fadenscheinigen oder unglaubwürdigen Argumenten zu behaupten oder in autoritärer Weise auf eine Realisierung des Fauxpas zu bestehen. Diese Vorgesetzten übersehen, dass sie durch ihr Verhalten links und rechts ihres Weges Menschen zurücklassen, die ihnen nicht wohl gesonnen sind und wegen des aufgebauten Drucks den Kontakt zu ihnen auf das nur noch unbedingt notwendige Maß reduzieren.

Erkennen Sie eine Fehlentscheidung, müssen Sie zur Schadensbegrenzung oder -beseitigung erneut entscheiden und handeln. Nur in Ausnahmefällen kann das Motto „Augen zu und durch“ empfohlen werden. Indem Sie eine Fehlentscheidung eingestehen und sich sogleich um eine sorgfältige, systematische und selbstkritische Lösung bemühen, wird Ihre Autorität keinen Schaden nehmen.

7. **Gewöhnen Sie sich eine positive Einstellung zu sich selbst an.**
Von Goethe stammt der Ratschlag:

> WAS IMMER DU TUN KANNST ODER WOVON DU TRÄUMST – FANG ES AN.
> IN DER KÜHNHEIT LIEGT GENIE, MACHT UND MAGIE. BEGINNE ES JETZT SOFORT.

Spielen Sie mit dem Gedanken, dieser Empfehlung zu folgen, behindern Sie möglicherweise Selbstzweifel, die in den Einschätzungen gipfeln: „Das kann ich nicht", „das wird ja doch nichts", „da werde ich sicherlich den Kürzeren ziehen" usw. Schieben Sie Selbstzweifel sofort beiseite. Sie wirken nämlich nur leistungshemmend und destruktiv, je länger Sie sich mit ihnen beschäftigen. Mit einer negativen Autosuggestion (Selbstbeeinflussung) bauen Sie Selbstzweifel auf. So verletzen Sie sich selbst und reduzieren Ihren Selbstwert, was schließlich dazu führt, dass Sie die Weichen in Richtung Misserfolg stellen.

Sie brauchen die Kraft des positiven Denkens! Marc Aurel schrieb bereits im 2. Jahrhundert n. Chr.:

DAS LEBEN IST DAS, WAS DIE GEDANKEN AUS IHM MACHEN.

Die positive Selbstbeeinflussung, Ihr positiver innerer Dialog, ist die wirkungsvollste Möglichkeit, sich von Befürchtungen oder negativen Umwelteinflüssen zu befreien.

Glauben Sie an sich und sagen Sie sich selbst öfter etwas Aufbauendes und Wertschätzendes (ohne dass Dritte zuhören können). Was spricht dagegen, sich selbst ab und zu einmal zuzulächeln und zuzunicken, wenn Sie kurz beim Händewaschen in den Spiegel schauen? Auch so lassen sich Selbstzweifel peu à peu abbauen und durch ein gestärktes Selbstvertrauen ersetzen.

8. **Strahlen Sie über Ihre Körpersprache Souveränität aus.**
Jeder Leser weiß körpersprachliche Signale richtig zu deuten, mit denen sich unsichere Menschen unbewusst zu erkennen geben. Sie wirken meistens zaghaft, ängstlich, gehemmt und ausweichend. Neben einer leisen Stimme und einem zumeist nach unten gerichteten Blick signalisieren diese Personen ihre tiefe Unsicherheit zusätzlich mit eindeutiger Haltung und Gestik: häufiges Zupfen an der Kleidung, fahrige Handbewegungen, ständiges Herumrutschen auf dem Stuhl, Sitzen auf der äußersten Stuhlkante, Kratzen am Kopf, Finger am Mund oder verschränkte Arme. Eine derart auftretende Führungskraft könnte sich gleich ein großes Schild um den Hals hängen mit der Aufschrift: „Ich setze mich nicht durch, niemand braucht meine Gegenwehr zu fürchten."
Sie vermeiden die beschriebenen Unsicherheitsgesten und bemühen sich auch in Stresssituationen um eine aufrechte offene Körperhaltung (gestraffte Schultern, leicht gewölbter Brustkorb, aufgerichteter Kopf, angedeuteter elastischer Gang), mit der Sie auf Ihre Gesprächs-, Kooperations-, aber auch Durchsetzungsbereitschaft verweisen. Der Psychologe Valentin Nowotny erkannte:

WER AUFRECHT GEHT, DEM WIRD AUCH MEHR RESPEKT ENTGEGENGEBRACHT.

9. **Pflegen Sie Blickkontakt.**
Die besondere Bedeutung des Blickkontakts wird durch einige Formulierungen unseres Sprachgebrauchs deutlich herausgestellt: So wird das Auge als „Spiegel der Seele" bezeichnet. Ein besonderes Zeichen der Wertschätzung ist es, einer anderen

Person „schöne Augen zu machen". Demgegenüber signalisieren wir Ablehnung, wenn wir einen Menschen „keines Blickes würdigen". Mancher Leser wird bei einem Gesprächspartner vorsichtig sein, der „einem nicht gerade in die Augen sehen kann". „Durchbohrende" oder „strafende" Blicke bereiten uns ebenfalls kein Vergnügen. Berechtigterweise stellen wir fest: „Blicke sprechen Bände!"

Denken Sie daran: Ein fehlender Blickkontakt zeugt von Unsicherheit. Menschen, die ihren Gesprächspartnern nicht in die Augen sehen, schaffen Distanz und lassen erst gar keinen zwischenmenschlichen Kontakt aufkommen.

Schauen Sie also Ihren Mitarbeiter an, wenn er spricht. Nehmen Sie ihn bewusst wahr. Vermeiden Sie jede Unruhe im Blickkontakt. Sehen Sie niemals zu Boden (was regelmäßig Unsicherheit/Unterlegenheit erkennen lässt), es sei denn, Sie denken einen Moment nach.

10. Geben Sie klare und unmissverständliche Anweisungen.

Sind Ihre Anweisungen unzureichend/fehlerhaft, leidet Ihre Durchsetzungskraft. Empfehlungen für optimale Anweisungen entnehmen Sie der Seite 197.

11. Sagen Sie Nein, wenn es Ihrer Interessenlage entspricht.

Sie werden nicht Everybody`s Darling, indem Sie versuchen, ständig die Erwartungen anderer Menschen zu erfüllen. Kommen Sie Ihren Mitmenschen stets entgegen oder „verbiegen" Sie sich, wird das schamlos ausgenutzt. Ihr Bemühen, es allen recht machen zu wollen, führt schließlich dazu, dass Sie wegen des erkennbar schwach ausgebildeten Durchsetzungsvermögens belächelt werden. Sagen Sie aber zur rechten Zeit ein entschiedenes, aber dennoch höfliches NEIN, müssen Sie sich später nicht mehr ärgern, sich nicht durchgesetzt zu haben.

12. Reden Sie nicht weitschweifig.

Vermutlich ärgerten Sie sich schon häufiger über Redselige und Drumherumsprecher, die weit ausholten und Ihnen Ihre kostbare Zeit raubten. Wie wohltuend waren dagegen die Wortbeiträge, in denen kurz, präzise und überzeugend eine Meinung dargestellt wurde.

Wollen Sie Ihre Ziele besser erreichen, tragen Sie Ihre Gedanken nicht bis in das letzte Detail vor, sondern kommen Sie schnell auf den Punkt.

13. Vermeiden Sie Weichmacher.

Sprache ist verräterisch. Wenn Menschen über Dinge reden, deren sie sich nicht sicher sind, werden auch ihre Worte verschwommen. Zweifelt jemand an den eigenen Argumenten, wird er unbewusst Weichmacher in seine Ausführungen einflechten und damit seine Überzeugungskraft mindern. Als Weichmacher erkennen wir:

- Konjunktive (Möglichkeitsformen)
  Es soll wohl ein Zeichen von Bescheidenheit, Zurückhaltung und Höflichkeit sein, wenn jemand erklärt:

- „Ich möchte meinen, es wäre vorstellbar …"
- „Ich würde sagen, diese Zeiteinteilung könnte …"
- „Ich könnte mir vorstellen, es wäre günstiger …"
- „Falls es Ihnen nichts ausmacht, hätte ich morgen gern noch einmal kurz mit Ihnen … erörtert."

Mit diesen Formulierungen wirken Sie zögerlich, unsicher, wenig kompetent und in keiner Weise selbstbewusst. Wesentlich überzeugender bringen Sie Ihre Meinung im Indikativ (Wirklichkeitsform) zum Ausdruck:

- „Ich kann mir sehr gut vorstellen, dass …"
- „Mit dieser Zeiteinteilung wird es Ihnen gelingen, …"
- „Ich schlage vor, wir machen es so und so …"
- „Für mich ist es wichtig, morgen mit Ihnen zehn Minuten über … zu sprechen."

Da Sie sich mit Ihren Aussagen identifizieren, vertreten Sie diese auch im Brustton der Überzeugung.

- Abschwächende Füllwörter
  Wollen Sie sich durchsetzen, backen Sie keine „kleinen Brötchen" mit unverbindlichen und abschwächenden Aussagen:
  - „*Normalerweise* entstehen bei dieser Vorgehensweise Schäden."
  - „Wir werden *in etwa* eine mittlere Position einnehmen."
  - „Im *Allgemeinen* funktioniert diese Anlage doch *recht gut*, sodass *kaum* Störungen auftreten."
  - „Das Argument ist *gewissermaßen* der Ausgangspunkt für meinen Wunsch …"
  - „*Vielleicht* können Sie mir den Plan … bringen."
  - „*Eigentlich* habe ich keine Zeit."

- Hoffnungs-Formulierungen
  - „Ich hoffe, mit meinen Ausführungen erreicht zu haben …"
    besser: „Ich bin sicher/ich bin davon überzeugt …"
  - „Ich glaube, hier wurde ein interessanter Anfang gemacht."
    besser: „Das ist ein interessanter Anfang."

Statt Weichmacher vorzutragen, wäre es für Sie besser, überhaupt nichts zu sagen, wenn Sie sich Ihrer Sache nicht sicher sind. Streichen Sie jegliche Art von Weichmachern aus Ihrem Vokabular und bemühen Sie sich dafür um eine klare und eindeutige Sprache. Damit erzielen Sie eher eine positive Wirkung auf Ihre Umgebung und stärken so Ihr Selbstvertrauen.

14. Beschränken Sie sich in Ihrer Argumentation möglichst auf Fakten.
Wollen Sie bei einem Mitarbeiter eine Verhaltensänderung bewirken, sollten Sie keine unklaren Pauschalformulierungen, Verallgemeinerungen, nicht belegbare Behauptungen und allgemeine Floskeln verwenden. Gnadenlose Verallgemeinerungen wie „immer", „nie", „ständig" oder „alles" schießen zumeist über das Ziel hinaus und berühren nur selten den Kern der Sache. In den seltensten Fällen treffen sie in dieser Ausschließlichkeit zu:

- „Sie kommen doch immer zu spät und bauen ständig Mist."
- „Das schaffen Sie doch nie."

Mit nebulösen Feststellungen wie:

- „Ich glaube erkannt zu haben ..."
- „Im Laufe der Zeit haben Sie schon mehrfach ..."
- „Es ist mir schon seit vorigem Monat aufgefallen ..."

besteht die Gefahr, sich selbst in Schwierigkeiten zu bringen. Steht Ihnen ein selbstbewusster Mitarbeiter gegenüber, müssen Sie mit folgenden Reaktionen rechnen:

- „Was haben Sie konkret erkannt?"
- „Daran kann ich mich nicht erinnern. Wann soll das wo und in welchem Zusammenhang gewesen sein?"
- „Damit wir nicht aneinander vorbeireden: Bitte helfen Sie mir auf die Sprünge. Ihren Vorwurf kann ich keiner konkreten Situation zuordnen."

Bleiben Sie eine klärende Antwort schuldig, treten Sie entweder den Rückzug an oder versuchen, sich mit autoritären Verhaltensweisen zu behaupten. Sie laufen einem schwierigen Mitarbeiter aber nicht ins offene Messer, wenn Sie mit Fakten aufwarten können. Weil Sie kaum alle Details in Ihrem Gedächtnis abrufbereit speichern können, machen Sie sich bei schwierigen Mitarbeitern Notizen. Vor einem Gespräch werfen Sie einen Blick in Ihre Aufzeichnungen und können dann mit Fakten aus einer sicheren Position agieren. Um die Gefahr auszuschließen, einem → Denunzianten in die Karten zu spielen, beschränken Sie sich besser auf Selbsterkanntes.

15. Beachten Sie die Wirkung von Emotionen.
Die Annahme, der Mensch lasse bei seinen Handlungen im Wesentlichen seine Vernunft walten, ist seit langem widerlegt. Selbst kopfgesteuerte, als Technokraten eingeordnete Führungskräfte mit ausgeprägt analytischer Vorgehensweise lassen bei ihren Entscheidungen oft genug ihren Gefühlen den Vorrang. Sie bestätigen damit die Erkenntnis des Psychoanalytikers Sigmund Freud, wonach der Mensch ein emotionales Wesen ist, welches in seinem Verhalten einem Eisberg gleicht:

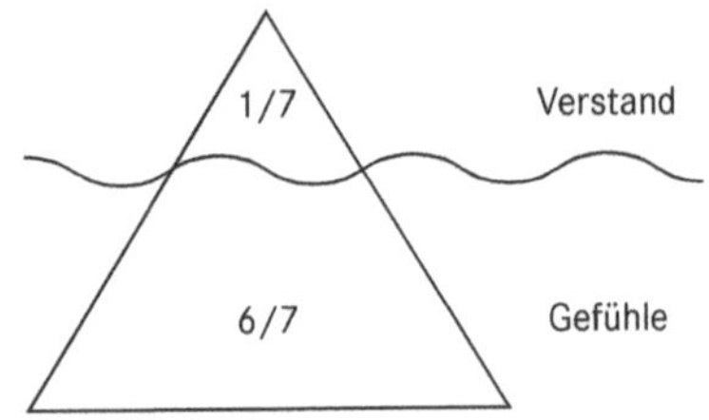

Danach steuert unser Verstand nur etwa ein Siebtel unserer Entscheidungen, während sechs Siebtel von Gefühlen gelenkt werden. So wird nachvollziehbar, dass die Gefühle dem Verstand immer wieder ins Steuer greifen und unser Denken und Handeln weitaus intensiver beeinflussen, als wir uns dessen bewusst sind. Wir schauen oft durch die Brille des jeweils vorherrschenden Gefühls und sehen demzufolge das Leben mal rosarot, mal grau, mal düster. Je tiefer wir mit unseren Gefühlen in eine Situation verwickelt sind, desto schlechter können wir sie einschätzen. Und ist erst einmal der Verstand ausgeschaltet, lassen wir uns leichter beeinflussen.

Sie lassen sich möglichst nicht von Ihren Gefühlen manipulieren, sondern fragen sich: „Wie sieht die Sache ohne Gefühle aus?" Indem Sie sich vor spontanen Entscheidungen „aus dem Bauch heraus" hüten, vermeiden Sie gefühlsorientierte Ad-hoc-Entscheidungen, die vielfach nachträglich nur unter Schwierigkeiten zu rechtfertigen sind oder später gar revidiert werden müssen. Auch drängen Sie den „Nasenfaktor" zurück, sodass es Ihnen eher gelingt, alle Mitarbeiter auf der menschlichen Ebene gleichzubehandeln und niemanden zu bevorzugen oder zu benachteiligen. Indem Sie von „Gefühl und Wellenschlag" abkommen und die gefühlsbetonten Aspekte des Augenblicks verdrängen, rücken Sie die Fakten in den Vordergrund. Das Ergebnis: Ihr sachgerechtes Vorgehen steigert Ihre Autorität.

Es ist leichter geschrieben als getan:

- Nur wenn es in Ihren Plan passt, geben Sie Ihren Gefühlsregungen nach.
- Akzeptieren Sie stark emotional reagierende Mitarbeiter, sofern diese die Gepflogenheiten eines zivilisierten Mitteleuropäers beherzigen. Tatsächlich sind oft die rein sachlichen Unterschiede erheblich geringer als hochgepeitschte Gefühlswogen.

16. Nehmen Sie das Verhalten eines schwierigen Mitarbeiters nicht persönlich.

Fühlen Sie sich persönlich betroffen oder angegriffen, kommt es bei Ihnen unbewusst zu einer inneren Eskalation. Diese weckt Aggressionen, sodass die Kommunikation zunehmend stressiger wird. Statt eine Situationsverbesserung herbeizuführen, wird eine weitere Eskalationsstufe erreicht und die Akteure entfernen sich voneinander.

Ideal wäre es, die Contenance (= Zurückhaltung, Selbstbeherrschung, Selbstdisziplin) zu bewahren und gelassen und souverän zu reagieren. Bevor es Ihrerseits zu unbedachten Reaktionen kommt, kann sich häufig ein tiefes Durchatmen lohnen.

Erwiesenermaßen beruhigt Tiefatmung Ihren Organismus und verschafft Ihnen einen Moment des Nachdenkens, sodass Sie eher sachlich und ruhig reagieren. Ein ruhiges und beherrschtes Sprechen trägt zusätzlich zum Abklingen heftiger Emotionen bei.

Geht das Gespräch dennoch in eine unerwünschte Richtung oder ist die Situation für Sie kaum mehr zu ertragen, brechen Sie das Gespräch ab und setzen es später fort, wenn Sie Ihr seelisches Gleichgewicht wiedergefunden haben:

- „Lassen Sie uns das Gespräch fortsetzen, wenn sich die Wogen beiderseits geglättet haben. Ich spreche Sie wieder an …"
- „Angesichts der fortgeschrittenen Zeit beenden wir jetzt unser Gespräch. Da warten noch andere Termine auf mich. Sie hören wieder von mir."

Indem Sie sich etwas Zeit verschaffen und die Fortsetzung auf den nächsten Tag verschieben, besteht die Chance, Ihre Vorgehensweise in Ruhe zu überdenken und danach das Gespräch aus einem überlegenen Blickwinkel gut präpariert fortzusetzen.

Weitere Reaktionen → Flucher.

Sicherlich werden Sie im Regelfall mit einem schwierigen Mitarbeiter in sachlicher Atmosphäre reden mit dem Ziel, dass dieser Fehler oder falsche Verhaltensweisen aufgibt. Ihr vorrangiges Bestreben sollte daher lauten: Abstellen von Kritikpunkten und Fortsetzen des Arbeitsverhältnisses.

Die Bindung des Mitarbeiters an das Unternehmen gewinnt zunehmend an Bedeutung. Bereits heute beklagen Arbeitgeber durch den erkennbaren demografischen Wandel und den veränderten beruflichen Anforderungen in Deutschland das Fehlen geeigneter Fachkräfte. So hat nach Meldung des Instituts für Arbeitsmarkt- und Berufsforschung die Zahl der offenen Stellen in Deutschland im zweiten Quartal 2017 einen neuen Höchststand erreicht: Knapp 1,1 Millionen gemeldete Arbeitsplätze waren unbesetzt. Arbeitsmarktforscher gehen davon aus, dass bereits im Jahr 2020 etwa 1,8 Millionen Arbeitskräfte fehlen werden, wobei der Mangel nahezu alle Fachrichtungen und Berufe berühren wird.

Deshalb werden Sie nur in Ausnahmefällen bei einem Fehlverhalten gleich die große Keule hervorholen und aus Ihren arbeitsrechtlichen Einwirkungsmöglichkeiten schöpfen (vgl. Seite 205), so beispielsweise beim → Beleidiger, → Destruktiven Oppositionellen, → Dieb und → Grapscher. Eine Trennung ziehen Sie erst dann in Betracht, wenn zuvor alle Bemühungen um eine Situationsverbesserung gescheitert sind.

Sie zeigen nicht die gewünschte Durchsetzungskraft, wenn Sie in aufgewühlten Situationen mit unbedachten Drohungen oder Aufforderungen reagieren:

- „Wenn Ihnen das nicht gefällt, dann gehen Sie doch …"
- „Ich halte Sie bestimmt nicht. Kündigen Sie doch einfach. Damit habe ich kein Problem. Wir kommen auch ohne Sie klar!"
- „Ich habe kein Problem, wenn Sie uns verlassen. Auf Sie können wir nun wirklich verzichten. Wir werden Sie mit Ihren Koffern sogar zum Bahnhof bringen."

Sollte der Mitarbeiter dieser leichtfertig ausgesprochenen Aufforderung folgen, kann diese Kurzschlusshandlung negative Konsequenzen für Sie und Ihr Unternehmen auslösen:

- Ein Mitarbeiter verlässt Ihre Firma und nimmt Fachkenntnisse, Insider-Wissen und beruflich verwertbare Kontakte mit. Bis sich ein Nachfolger dieses Know-how angeeignet hat, vergeht viel Zeit.
- Der Personalwechsel gefährdet die Kontinuität, stört die sachliche Arbeit, berührt das Betriebsklima und bewirkt die Neuordnung der menschlichen Beziehungen innerhalb des Teams.
- Mit der Anwerbung, Einstellung und Einarbeitung neuer Mitarbeiter gehen finanzielle Belastungen einher.
- Während der Einarbeitungsphase des neuen Mitarbeiters kommt es – unabhängig vom fachlichen Know-how und der Leistungsbereitschaft des Neuen – zunächst zu einer Leistungsverminderung.

Bei Beachtung der dargestellten Empfehlungen zu Ihrem Durchsetzungsvermögen und bei Anwendung der folgenden Hinweise bei den jeweiligen Charakteren von schwierigen Mitarbeitern wird es Ihnen bald gelingen, Ihren zielgerichteten Willen auf Ihre Mitarbeiter zu übertragen. Auch werden Sie eine alte, dennoch zeitgemäße Weisheit von Yuan Shikai im Auge behalten, wenn „heiße Eisen" anzupacken sind:

DREI EIGENSCHAFTEN BRAUCHT, WER MENSCHEN FÜHREN WILL:
MENSCHLICHKEIT, KLARHEIT, MUT!

3

DIE BUNTE WELT DER SCHWIERIGEN MITARBEITER

Manche Mitarbeiter verschlechtern mit ihren Macken und/oder ihrem destruktiven Verhalten das Betriebsklima und beeinträchtigen die Arbeitsergebnisse. Als Führungskraft werden Sie unerwünschte Verhaltensweisen nicht tatenlos hinnehmen, sondern mit Ihrem teils sensiblen, teils nachdrücklichen Eingreifen auf ein akzeptables Leistungs- und Sozialverhalten hinwirken.

Die nachfolgenden geschilderten „Problemfälle“ erheben keinen Anspruch auf Vollständigkeit. Die Welt der schwierigen Mitarbeiter ist wie der Rest der Bevölkerung: individuell und bunt.

ALKOHOLABHÄNGIGER

Bei der Alkoholabhängigkeit handelt es sich um eine chronische Verhaltensstörung, bei der der Alkoholkonsum über das soziale Maß hinausgeht und die Person die Kontrolle über den Konsum verloren hat. Hierbei kann eine psychische und physische Abhängigkeit entstehen. Die Deutsche Hauptstelle für Suchtfragen e. V. ging nach einer Studie im Dezember 2014 davon aus, dass etwa 5 Prozent der Arbeitnehmer alkoholabhängig sind. Insgesamt entsteht der deutschen Volkswirtschaft durch Alkoholsucht jährlich ein finanzieller Schaden in Milliardenhöhe. Im Jahr 2015 belief sich dieser auf 40 Milliarden Euro.

Das Arbeitsrecht kennt kein allgemeines Alkoholverbot während der Arbeitszeit. Arbeitnehmer dürfen daher grundsätzlich Alkohol konsumieren, wenn sie

- dennoch die volle Arbeitsleistung erbringen,
- gegen keine arbeitsvertraglichen Pflichten (z. B. Leistungsminderungen, Nichtbefolgung von Arbeitsanweisungen oder Störungen der Betriebsordnung) verstoßen oder
- keine spezifische Gefahrenquelle (z. B. Kranführer, Baggerfahrer, Pilot, Fahrer von Gefahrguttransporten) schaffen.

Bei gefährlichen Tätigkeiten besteht nach den berufsgenossenschaftlichen Unfallverhütungsvorschriften ein absolutes Alkoholverbot (0,0-Promillegrenze), für dessen Einhaltung der Arbeitgeber verantwortlich ist. Auch beim Fehlen eines generellen Alkoholverbots muss jeder Mitarbeiter darauf achten, dass er – wenn überhaupt – während der Arbeitszeit Alkohol nur in geringen Mengen zu sich nimmt. Am besten wäre es, er würde für sich selbst die Entscheidung treffen, während der Arbeitszeit Alkoholkonsum völlig zu vermeiden.

Weil Alkoholgenuss die Aufmerksamkeit vermindert, die Kritikfähigkeit herabsetzt, das Seh- und Reaktionsvermögen senkt und zur Überschätzung führt, gilt in den meisten Unternehmen aber ein Alkoholverbot. Hierzu trägt auch die Erkenntnis der Bundeszentrale für gesundheitliche Aufklärung bei, dass sich mindestens 20 Prozent der Arbeitsunfälle unter Alkoholeinfluss ereignen, wobei Alkoholabhängige etwa dreimal häufiger in Betriebsunfälle verwickelt sind als gesunde Mitarbeiter. Erwiesenermaßen kommt es auch zur Erhöhung von Fehlzeiten und Krankmeldungen.

Das Alkoholverbot wird entweder im Tarif- oder Arbeitsvertrag oder in einer Betriebsvereinbarung zum Thema Alkohol beziehungsweise der allgemeinen Suchtbekämpfung verankert. Missachtet ein Arbeitnehmer dieses Verbot, indem er alkoholisiert zur Arbeit erscheint oder während der Arbeitszeit Alkohol zu sich nimmt, kann der Arbeitnehmer eine Abmahnung aussprechen. Bei mehrfachem Verstoß gegen das Alkoholverbot ist auch eine Kündigung des Arbeitsverhältnisses gerechtfertigt.

Reaktionsmöglichkeiten

Alkoholprobleme haben regelmäßig Auswirkungen auf den Arbeitsalltag, sodass Sie bei der Durchsetzung eines bestehenden Alkoholverbots eine klare und unmissverständliche Linie verfolgen. Es besteht immer die Gefahr, dass aus einem gelegentlichen Konsumenten ein alkoholgefährdeter Mitarbeiter wird. Woran erkennen Sie einen alkoholgefährdeten Mitarbeiter?

- Fehlzeiten
  - häufig einzelne Fehltage
  - Entschuldigung für Fehltage durch andere (z. B. Partner)
  - Aufrechnung von Fehltagen gegen Urlaub
  - unbegründete kurze Abwesenheit vom Arbeitsplatz während der Arbeitszeit
  - Überziehen von Pausen

- Leistungsminderung
  - starke Leistungsschwankungen
  - abnehmende Lernbereitschaft
  - mangelnde Konzentration
  - Unzuverlässigkeit

- Verhaltensänderungen
  - starke Stimmungsschwankungen
  - unangemessene Nervosität und Reizbarkeit
  - unangemessene Gesprächigkeit oder Geselligkeit
  - extreme Selbstüberschätzung oder Aggressivität
  - extreme Unterwürfigkeit oder Überangepasstheit

- Erscheinungsbild/Auftreten
  - Vernachlässigung der Körperpflege und Kleidung
  - starkes Händezittern
  - Schweißausbrüche
  - Sprach- und Ausdrucksschwierigkeiten
  - Versuch, Alkoholfahne zu tarnen (Pfefferminz, Rasierwasser, Knoblauch)
  - wahrnehmbarer Alkoholgeruch an der Person
  - am Morgen übermüdeter, „verkaterter" Eindruck

- Trinkverhalten
  - Alkoholkonsum bei unpassenden Anlässen

- heimliches Trinken
- versteckte Alkoholvorräte oder Depots mit leeren Flaschen
- Herunterspielen der Trinkmenge
- Erfinden von Alibis für den Alkoholkonsum

Bemerken Sie einige der genannten Symptome, warten Sie nicht erst ab, indem Sie wegschauen, den Mitarbeiter decken, schützen, sein Problem verharmlosen und letztlich eine wirksame Behandlung verschleppen. Sprechen Sie den Mitarbeiter an, auch wenn Ihnen das möglicherweise unangenehm sein und schwerfallen wird.

Rechnen Sie damit, dass der Mitarbeiter sein Alkoholproblem abstreitet oder beschönigt, insbesondere bei fortgeschrittener Alkoholabhängigkeit. Notieren Sie daher im Vorfeld des Gesprächs Auffälligkeiten bezüglich Arbeitsleistung, Arbeitsverhalten und Anwesenheit jeweils mit Ort, Datum und Uhrzeit. Möglicherweise holen Sie Informationen ein über Hilfsangebote wie ambulante und stationäre Betreuungs- und Behandlungsmöglichkeiten und schalten – falls vorhanden – den Betriebsarzt und den betrieblichen Suchtkrankenhelfer ein.

Gilt in Ihrem Unternehmen eine Betriebsvereinbarung zum Thema Sucht, beachten Sie darin enthaltene Hinweise zur Gesprächsführung. Haben Sie jedoch freie Hand, bieten sich Stufenplangespräche an, in denen Sie den konstruktiven Leidensdruck für den Mitarbeiter von Gespräch zu Gespräch erhöhen.

In einem ersten vertraulichen Vier-Augen-Gespräch stellen Sie Ihre Sorge um den Mitarbeiter in den Vordergrund, ohne Mitleid erkennen zu lassen. Dabei konfrontieren Sie ihn mit vorher zusammengetragenen Fakten, so beispielsweise die offensichtlichen Konzentrationsprobleme, die auffallend zittrigen Hände oder die wiederholte plötzliche Unauffindbarkeit auf dem Betriebsgelände. Auch bringen Sie das erkannte Fehlverhalten zur Sprache wie Unzuverlässigkeit, schwache Leistungen, unfreundliches Verhalten gegenüber Kollegen und Kunden usw.

Ohne jegliche Beschönigungen verdeutlichen Sie dem Mitarbeiter, dass Sie sein Verhalten nicht tolerieren und keine mildernden Umstände gelten lassen. Sie vereinbaren mit ihm eine absolute Nüchternheit. Auch kann die Zusage erreicht werden, dass der Mitarbeiter zeitnah eine Suchtberatungsstelle oder sonstige Betreuungsmöglichkeit aufsucht (z. B. Anonyme Alkoholiker, Blaues Kreuz) oder sich einer Entziehungskur unterzieht. Auf bloße Versprechungen lassen Sie sich nicht ein, sondern bestehen darauf, dass das Vereinbarte ohne Abstriche umgesetzt wird.

Tritt keine Besserung ein, werden Sie in einem weiteren Gespräch massiv darauf drängen, dass der Mitarbeiter sein Fehlverhalten einstellt und seine Arbeitsleistung verbessert. Sie erklären ihm unmissverständlich, dass bei Fortsetzung seines Fehlverhaltens eine Abmahnung folgen wird. Indem an diesem Gespräch ein Vertreter der Personalabteilung oder des Betriebsrats teilnimmt und das Besprochene in einem Aktenvermerk festgehalten wird, verdeutlichen Sie dem Alkoholsüchtigen den Ernst der Lage.

Erkennen Sie keine gewünschte Veränderung im Mitarbeiterverhalten, händigen Sie im nächsten Gespräch eine schriftliche Abmahnung aus. Die Abmahnung enthält den ausdrücklichen Hinweis, dass automatisch das Arbeitsverhältnis gekündigt wird, wenn er nicht sein Trinkverhalten ändert. Allerdings muss dem Mitarbeiter hinreichend Zeit gegeben werden, sein Verhalten zu ändern.

In letzter Konsequenz folgt die Trennung von dem Mitarbeiter mittels einer formellen Kündigung.

Darauf achten Sie außerdem

Das Problem „Alkohol am Arbeitsplatz" sollte nicht tabuisiert werden. Deshalb zeigen Sie bei Bedarf Ihren Mitarbeitern die Auswirkungen auf Gesundheit, Arbeitsklima, Arbeitsleistungen und Arbeitsschutz auf.

Sie wirken darauf hin, dass im Betrieb keine alkoholhaltigen Getränke ausgeschenkt werden.

Erkennen Sie für einen Alkoholisierten im Betrieb Gefahren (z. B. bei der Bedienung von Maschinen oder Führen von Fahrzeugen), untersagen Sie ihm sofort die Weiterarbeit und nehmen ihn aus dem betrieblichen Gefahrenbereich heraus. Zur Beweissicherung seines Alkoholkonsums dokumentieren Sie Tatsachen (z. B. schwankender Gang, erkennbarer Alkoholgeruch, lallende Stimme, zittrige Hände), die Ihren Eindruck erhärten und konkretisierbar und objektivierbar sind. Für den Zeitraum, in dem der Alkoholisierte keine Arbeitsleistung erbringt, können Sie die Lohnfortzahlung verweigern.

Lassen Sie sich nicht mit einem alkoholisierten Mitarbeiter auf Diskussionen über die Trinkmenge oder deren Auswirkung auf seine Arbeitsfähigkeit ein. Sie entscheiden nach Ihrer subjektiven Wahrnehmung, ob ein Mitarbeiter in der Lage ist, weiterzuarbeiten.

Sie sorgen dafür, dass ein alkoholisierter Mitarbeiter nicht mit seinem Fahrzeug nach Hause fährt. Am besten lassen Sie den Mitarbeiter auf dessen Kosten per Taxi oder Dienstwagen nach Hause fahren.

Aus falsch verstandener Kollegialität decken andere Mitarbeiter den Alkoholisierten, indem sie ihm Arbeit abnehmen, seine Fehler kaschieren oder ihn gegen Sie in Schutz nehmen. Weisen Sie die Kollegen darauf hin, dass mit diesem gut gemeinten Verhalten die Alkoholsucht noch gefördert wird und daher kontraproduktiv zu werten ist. Weil dieses „kollegiale" Verhalten die Abkehr vom Alkohol nicht fördert, wird es für den Betroffenen in einem späteren Stadium deutlich schwerer, wieder vom Alkohol loszukommen.

Trotz eines Alkoholverbots sind Sie nicht berechtigt, Alkoholtests durchzuführen oder die Abgabe einer Blutprobe zu erzwingen. Hierfür benötigen Sie die Einwilligung des Mitarbeiters. Eine Ausnahme besteht, wenn es sich um einen alkoholsensiblen Arbeitsplatz handelt und Kontrollen mittels Atemmessgeräten im Interesse der Belegschaft stattfinden.

Wussten Sie bei einem Arbeitsunfall von der Alkoholisierung des Mitarbeiters, ohne ihn an der Weiterarbeit zu hindern, können Sie in Regress genommen werden. Möglicherweise werden Sie wegen Ihrer Pflichtverletzung strafrechtlich und zivilrechtlich haftbar gemacht.

Die dargestellten Empfehlungen können auch auf den Konsum anderer Suchtmittel (illegale Drogen, Medikamente) übertragen werden.

AGGRESSIVER/ANGREIFER

Zwischen Ihnen und Ihren Mitarbeitern herrscht nicht immer eitel Sonnenschein. Eine Friedhofsruhe oder Pseudoharmonie wäre auch nicht realistisch, denn wo Menschen auf Dauer zusammenarbeiten, kommt es wegen unterschiedlicher Bedürfnisse zwangsläufig zu Konfliktsituationen. Diese werden im Regelfall schnell ausgeräumt – es hat wieder einmal gemenschelt.

Manche Mitarbeiter verlieren bei Dissonanzen die Beherrschung und starten plötzlich Angriffe auf Sie. Hierauf können Sie mit einer der folgenden Abwehrstrategien reagieren, wobei Sie Ihre Reaktionen flexibel den sachlichen Gegebenheiten und dem Aggressionsniveau anpassen.

Reaktionsmöglichkeiten

Ignorieren

Handelt es sich um einen einmaligen Ausrutscher eines ansonsten friedfertigen Mitarbeiters, können Sie diesen Angriff getrost ignorieren. Auch müssen Sie nicht auf jede dumme Bemerkung reagieren. Und wenn es um Unwichtiges geht, eine Diskussion nicht weiterführen dürfte oder der Aufwand viel zu hoch wäre, können Sie eine kleine Entgleisung durch Ignorieren ins Leere laufen lassen.

Auch taugen im beruflichen Bereich Themen aus dem politischen, religiösen und sexuellen Bereich nicht für Auseinandersetzungen. In diesen Fällen bleiben Sie bei der Sache: „Lassen Sie uns beim Thema bleiben, und zwar ...“ und gehen so zur Tagesordnung über.

Indem Sie einen Angriff nicht zur Kenntnis nehmen, folgen Sie einer Empfehlung des englischen Philosophen Francis Bacon:

> WER DEN ÄRGER EINEN AUGENBLICK UNTERDRÜCKEN KANN,
> ERSPART SICH VIELLEICHT EINEN TAG DES BEDAUERNS.

Nachgeben

Lassen Sie sich Attacken vermehrt ohne Gegenwehr gefallen oder geben Sie häufig nach, werden Sie bald als Weichling, Weichei, Kopfnicker, Softie, Leisetreter, Ja-Sager oder Schwächling eingeordnet mit der bitteren Folge, dass Sie immer häufiger angegriffen werden. Da eine Gegenwehr ausbleibt, bekommen Angreifer Oberwasser und werden sich mit ihrem aggressiven Verhalten kaum mehr zügeln. Zugleich schwächen Sie mehr und mehr Ihren Selbstbehauptungswillen und Ihr Durchsetzungsvermögen ab und machen der schlimmen Tendenz Platz, fast widerspruchslos nachzugeben.

Die altbekannte Floskel „Der Klügere gibt nach“ erweist sich nicht als belastbar, denn gibt der Klügere nach, geschieht nur das, was der Dümmere will. Ob Sie mit dieser Situation auf Dauer gut leben können?

Bei ständigem Beschwichtigen, Wegducken, Einknicken oder Zurückrudern kommt Ihr selbstbewusstes Auftreten abhanden und Sie zeigen über Ihre Körpersprache Unsicherheit und die Bereitschaft, sich unterzuordnen. Sie wirken meistens zaghaft, unsicher, gehemmt und ausweichend.

Nachgiebigkeit mag auf den ersten Blick zu einem konfliktfreien Umgang mit Ihren Mitarbeitern beitragen. Wollen Sie aber nach mehrfachem Zurückweichen nicht den „aufrechten Gang“ verlernen, ist Ihre angemessene Gegenwehr eine Frage der menschlichen Selbstachtung! Wer sich nicht wehrt, hat schon verloren.

Gegenhalten und Durchsetzen

Nach der Devise „Der Stärkere gewinnt“ können Sie gegen Ihren Kontrahenten aufrüsten, die Ärmel hochkrempeln und beginnen, mit harten Bandagen zu kämpfen mit der Zielsetzung, sich als der Stärkere durchzusetzen. Eine Eskalation wird in Kauf genommen: Ein Wort gibt das andere, die Atmosphäre wird immer hitziger, die Lautstärke steigt – bis im Extremfall schließlich nach den psychischen Angriffen das Faustrecht die Beweiskraft übernimmt.

Sie verlassen vielleicht als strahlender Sieger die Bühne, lassen aber einen Verlierer und verbrannte Erde zurück. Der Unterlegene empfindet den Gesichtsverlust als etwas Unverzeihliches. Er gibt regelmäßig nicht klein bei, sondern sinnt auf Rache und lässt Sie in einem Moment, in dem Sie an nichts Böses denken, ins offene Messer laufen. Denken Sie daran: Man begegnet sich immer zweimal im Leben!

Werden Sie verbal von einem Angreifer hart bedrängt und persönlich massiv angegriffen, sollten Sie aber Ihre Zurückhaltung aufgeben. Aus der Verhaltensforschung ist bekannt, dass ein rechtzeitiges, vorbeugendes und festes Eintreten für die eigenen Interessen Respekt verschafft und den anderen von einer Auseinandersetzung abhalten kann.

Kontern und Rückkehr zur Sache

Selbst wenn es Ihnen schwerfällt und es in Ihnen brodelt, ist es erfahrungsgemäß günstiger, auf Angriffe ruhig und sachlich zu kontern (je nach Situation verhalten/abgeschwächt oder auch drastisch) und danach ohne Pause die eigene Aussage mit einem zur Sache zurückführenden Hinweis oder einer Frage abzuschließen. Hierbei gilt der römische Grundsatz:

FORTITER IN RE SUAVITER IN MODO
= HART IN DER SACHE, ABER WEICH IN DER FORM.

Würden Sie lediglich kontern, könnte der Mitarbeiter die Kontroverse fortsetzen, ein Wort gäbe das andere, das Gesprächsklima würde sich weiter aufheizen und die Konfliktsituation könnte eskalieren.

Machen Sie nach dem Konter jedoch eine Pause, könnte Ihr Mitarbeiter die Gelegenheit nutzen, Ihnen sogleich wieder Paroli zu bieten. Mit der unverzüglichen Überleitung auf die Sachebene besteht die Chance, dass sich die angespannte Situation zu entkrampfen beginnt. Fällt Ihnen Ihr Mitarbeiter dennoch ins Wort, lassen Sie sich nicht unterbrechen: „Nein, nein, lassen Sie uns jetzt beim Thema bleiben. Wir sprachen über …"

Mit einem selbstsicheren, furchtlosen und abwehrenden Konter der Marke „Hallo, mit mir nicht!" kann eine abschreckende Wirkung verbunden sein. Soll ein Gespräch nicht in ein Tohuwabohu abgleiten oder vorzeitig beendet werden, ist die Methode „Kontern und Rückkehr zur Sache" besonders zu empfehlen. Mit ihr gehen Sie auf die unerwünschte Verhaltensweise Ihres Mitarbeiters ein, zeigen ihm seine Grenzen auf und ermöglichen anschließend eine Gesprächsfortsetzung auf sachlicher Basis.

Folgende Verhaltensweisen signalisieren zusätzlich Souveränität:

- aufrechte Sitzposition
  Sie sitzen komplett auf dem Stuhl/Sessel und nicht auf der vorderen Kante, womit Sie unbewusst ein Fluchtverhalten andeuten würden.

- intensiver Blickkontakt
  Sie sehen den Mitarbeiter bestimmt und furchtlos an. Blicken Sie verlegen oder betreten zu Boden, strahlen Sie Unsicherheit aus.

- aufmerksamer Gesichtsausdruck
  Grundsätzlich ist eine neutrale Mimik angebracht.

- gut verständliche Lautstärke
  Ein leises Sprechen weist zumeist auf Unsicherheit und schwaches Durchsetzungsvermögen hin.

- normales Sprechtempo
  Sind wir aufgeregt oder fühlen wir uns angegriffen, erhöht sich regelmäßig das Sprechtempo bis zu dem Punkt, an dem sich die Stimme überschlägt. Ein schnelles Sprechen vermittelt einen nervösen, gehetzten Eindruck.

- offene Körperhaltung
  Werden die Arme verschränkt, das heißt vor der Brust gekreuzt, lässt diese Haltung erkennen, dass Sie sich bedroht fühlen und sich in sich zurückziehen.

- Unsicherheitssignale vermeiden
  Ein „angeschlagener" Gesprächspartner wird rot oder blass, zeigt fahrige Bewegungen, verfällt in eine Schockpause, kommt schnell aus dem Konzept, beginnt zu stottern, zittert erkennbar, hat Schweißausbrüche oder bricht im schlimmsten Fall das Gespräch ab.

Greift ein Mitarbeiter Sie mehrfach an, erklären Sie ihm, dass Sie nicht als Aggressionsobjekt zur Verfügung stehen. Eine Mäßigung in seinem Auftreten sei unverzichtbar, eine sachliche Diskussion hingegen erwünscht.

Im Einzelfall wären auch folgende Reaktionen denkbar:

Grundsätzlich bemühen Sie sich bei mündlichen Angriffen zunächst um Zurückhaltung. Tiefes Durchatmen kann zu Ihrer Beruhigung beitragen. Räumen Sie Ihrem Gegenüber eventuell die Chance ein, seinen Angriff zu konkretisieren:

- „So erregt kenne ich Sie gar nicht. Worum geht es Ihnen in der Sache?“
- „Ich vermute, ich bin Ihnen ohne es zu wissen auf den Schlips getreten. Bitte sagen Sie, was Ihnen nicht gefällt, damit wir die Situation bereinigen und wieder zu unserem Thema zurückkehren können.“
- „Bestimmt können Sie Ihren Vorwurf an einem bestimmten Sachverhalt festmachen. Wie war es …?“
- „Was meinen Sie mit … genau?“

Auf diese Weise erhalten Sie weitere Informationen, verschaffen sich Zeit, vermeiden unüberlegte Reaktionen und können besser auf den Angreifer reagieren. Da Sie Ihren Emotionen keinen freien Lauf lassen, wirken Sie eher souverän. Schließlich folgen Sie damit dem Rat des weisen Königs Salomon:

EINE SANFTE ANTWORT DÄMPFT DIE ERREGUNG,
EINE KRÄNKENDE REDE REIZT ZUM ZORN.

ARBEITSVERWEIGERER

Im Rahmen Ihres Weisungsrechts als Vorgesetzter dürfen Sie Mitarbeitern Aufgaben zuteilen, die den Aufgabenbereichen in deren Arbeitsvertrag entsprechen. Sind die genauen Pflichten im Vertrag nicht näher erläutert, richten sich diese Angaben nach den gesetzlichen beziehungsweise tariflichen Bestimmungen. Der Mitarbeiter hat diesen Vorgaben zu folgen und die Arbeit zu verrichten. Verweigert er die Ausführung der Weisung, verstößt er gegen seine wichtigste arbeitsvertragliche Pflicht. Zum Komplex „Arbeitsverweigerung" zählen auch:

- Nichteinhalten von Zeitvorgaben
- Nichtbeachtung von Arbeitsvorgaben
- Beschädigung von Firmeneigentum, sodass eine Arbeitsausführung unmöglich wird
- Datensicherungsfehler

Die Ablehnung übertragener Arbeiten ist in Ausnahmefällen möglich:

- Die Arbeit ist lebensbedrohlich oder kann die Gesundheit erheblich gefährden (z. B. Verkehrsunsicherheit eines zugewiesenen Fahrzeugs, Arbeiten in asbestverseuchten Räumen ohne hinreichende Schutzausrüstung).
- Die Arbeit verstößt gegen Gesetze (z. B. Abrechnungsbetrug, Führen von Fahrzeugen ohne Führerschein).
- Die Arbeit verstößt gegen vertraglich geregelte Vereinbarungen oder gegen die guten Sitten.
- Für die Dauer der Teilnahme an einem rechtmäßigen Streik.
- Der Arbeitgeber hat vorher selbst gegen seine Pflichten verstoßen (z. B. über einen längeren Zeitraum kein Arbeitsentgelt gezahlt).
- Die Arbeit schränkt nachweisbar die Religions-, Glaubens- oder Gewissensfreiheit ein.
- Vorübergehend ist eine Ablehnung zulässig bei dringenden Arztbesuchen sowie bei Tod oder akuter Pflegebedürftigkeit naher Angehöriger.

Generell können Überstunden abgelehnt werden, sofern es sich nicht um existenzbedrohliche und nicht vorhersehbare Krisen- und Notfallsituationen oder einen besonderen betrieblichen Bedarf, der für das Unternehmen eine überdurchschnittliche wirtschaftliche Bedeutung aufweist, handelt.

Reaktionsmöglichkeiten

Vielleicht gibt es aus Sicht des Mitarbeiters stichhaltige Argumente, bestimmte Arbeiten oder die jeweilige Arbeitsumgebung abzulehnen. Eventuell ist sein Know-how unzureichend oder er soll entgegen seiner religiösen Ausrichtung in einem Verbrauchermarkt die Abteilung „Spirituosen" leiten oder er wird ständig von mobbenden Kollegen behindert. Dann kann ein klärendes Gespräch dazu führen, das Problem etwa durch einen Wechsel der Arbeit oder der Umgebung zu beseitigen. Dies wäre eine professionelle und konstruktive Vorgehensweise.

Verweigert ein Mitarbeiter aber seine Arbeitsleistung und hat er dafür keine guten Gründe, muss ihm bewusst sein, dass er geradewegs in einen Konflikt steuert, der mit einer Kündigung enden kann. Bei unrechtmäßiger Arbeitsverweigerung kann der Arbeitnehmer für die dem Arbeitgeber verursachten Schäden zum Schadensersatz verpflichtet werden. Welche Sanktion angemessen ist, hängt von der Schwere und Häufigkeit des Fehlverhaltens ab. Führt Ihre Ermahnung nicht zur Arbeitsaufnahme, wird eine Abmahnung unumgänglich, der im Wiederholungsfall die Kündigung folgen würde. Möglicherweise kann sich auch die Einbehaltung von Arbeitseinkünften anbieten.

Das Muster einer Abmahnung bei Arbeitsverweigerung lesen Sie bitte auf Seite 210.

ARBEITSZEITBETRÜGER

Bei einem Arbeitszeitbetrug handelt es sich um das Vorgaukeln einer erbrachten Leistung, die dem Arbeitgeber tatsächlich vorenthalten wurde. Auch das falsche Notieren von Arbeitszeiten, falsches Ein- und Ausstempeln sowie der Missbrauch von Arbeitszeiterfassungsgeräten stellen Arbeitszeitbetrug dar.

Selbst das private Telefonieren, Mailen, Surfen und Zeitunglesen (unabhängig davon, wer das erforderliche Equipment zur Verfügung stellt) während der Arbeitszeit kann als Arbeitszeitbetrug gewertet werden. Hat der Arbeitgeber die Handynutzung während der Arbeitszeit ausdrücklich verboten und hält sich ein Mitarbeiter nicht an dieses Verbot, kann bereits beim ersten Verstoß abgemahnt werden. Tritt eine Notsituation ein (z. B. Krankheit oder Todesfall in der Familie, Einbruch in der Wohnung, plötzlicher Ausfall der Kinderbetreuung), können dem Mitarbeiter entsprechende Aktivitäten allerdings nicht verwehrt werden.

Gibt es im Betrieb keine klare Regelung, dürfen Mitarbeiter davon ausgehen, dass eine sozialadäquate Nutzung des Smartphones zulässig ist. Sozialadäquat ist ein kurzer Check von SMS oder E-Mails, nicht jedoch eine intensive oder lange Beschäftigung hiermit. Die Richter des Landesarbeitsgerichts in Köln definieren zehn Minuten täglich für private Telefonate als duldbare Größe.

Zum leidigen Thema Raucherpausen: Grundsätzlich sind Pausenzeiten keine Arbeitszeiten, obwohl viele Arbeitnehmer Unterbrechungen für eine Zigarette für unerheblich halten und sich nicht ausstempeln. Gibt es eindeutige Vorgaben des Betriebs, dass das Rauchen am Arbeitsplatz untersagt ist und Raucherpausen auch nicht als tolerierte Arbeitszeit gelten, sollten Raucherpausen stets als Pausenzeiten deklariert werden.

Reaktionsmöglichkeiten

Bei nachgewiesenem Arbeitszeitbetrug erhält der Mitarbeiter eine Abmahnung. Bei schweren Verstößen, zum Beispiel bei erheblichem Arbeitszeitverlust durch Privatgespräche, können Sie auch ohne Abmahnung kündigen. Führt das private Surfen am Arbeitsplatz zu einem Virenbefall des Firmenrechners, zu einer Rufschädigung des Unternehmens oder entstehen der Firma zusätzliche Kosten, weil sehr umfangreiche Datenmengen heruntergeladen wurden, ist eine Gefährdung oder Störung betrieblicher Abläufe offensichtlich. In diesen und ähnlichen Fällen kann die Internetnutzung für private Zwecke zu einer verhaltensbedingten Kündigung (möglichst nach vorangegangener Abmahnung) führen.

Die meisten Betriebe belassen es bei privatem Telefonieren, Mailen, Surfen und Zeitunglesen bei einer Ermahnung, der im Falle einer ausbleibenden Besserung eine Abmahnung folgt. Sie sorgen – unabhängig von der vom Arbeitgeber gewählten Disziplinarmaßnahme – dafür, dass der Mitarbeiter künftig keine Zeit erhält, seinem Kommunikationsbedürfnis nachzugehen und die Hände in den Schoß zu legen (was sonst andere Mitarbeiter als Möglichkeit auffassen könnten, sich während der Arbeitszeit ebenfalls einen schönen Tag zu machen). Drei Varianten sollten bedacht werden.:

- Nach Umverteilung der Arbeiten innerhalb der Arbeitsgruppe erhält der Mitarbeiter ein zusätzliches Aufgabenvolumen, sodass er nun alle Aufgaben nur bei fleißigem Arbeiten bewältigen kann.
- Durch flüchtiges Arbeiten gewann der Mitarbeiter bisher Zeit, die er für private Erledigungen nutzte. Sie sorgen über Ihre Kontrollen für ein gewissenhaftes Arbeiten, das keinen Raum mehr für private Verrichtungen lässt.
- Im Rahmen der Delegation erhält der Mitarbeiter neue Funktionen, die das vorhandene Zeitvolumen füllen.

Parallel bedeuten Sie dem Mitarbeiter nachdrücklich, dass der Arbeitgeber das volle Arbeitsentgelt zahlt und dafür auch erwarten kann, eine volle Arbeitsleistung zu erhalten. Im Rahmen Ihres Weisungsrechts werden Sie auf die Einhaltung dieses Prinzips achten.

AUFSCHIEBER

Wer kennt sie nicht, die an Aufschieberitis leidenden Mitarbeiter, die wichtige Aufgaben vor sich herschieben und nie um Ausreden und Entschuldigungen verlegen sind:

- So schnell schießen die Preußen nicht.
- Morgen ist auch noch ein Tag.
- Weshalb diese Hektik? Ich habe doch noch alle Zeit der Welt.
- Mache ich morgen – versprochen!
- Na, so schnell wird es doch nicht anbrennen …
- Macht mal halblang. So heiß wird nichts gegessen, wie es gekocht wird.
- Ich arbeite unter Druck besser, also mache ich es später.
- Heute bin ich nicht so gut drauf. Auf einen Tag mehr oder weniger kommt es jetzt nicht mehr an.
- Eile mit Weile.
- Nur nicht hudeln, ich habe noch jede Menge Zeit.

Mit dem Hinausschieben laufen Mitarbeiter Gefahr, bei Störungen das rettende Ufer nicht mehr zu erreichen oder unter Stresseinwirkung im letzten Moment „hingerotzte" Ergebnisse abzuliefern. Dabei sollte bekannt sein, dass Menschen unter Stress nicht schneller arbeiten, sondern nur schneller Fehler machen.

Notorische Aufschieber werden von ihrem Umfeld nicht toleriert. Jegliches Wohlwollen wird aufgebraucht und im Laufe der Zeit durch Spott, Missbilligung, Ablehnung oder Ausgrenzung ersetzt. Der schlechte Ruf ist erklärbar, weil es durch das Aufschieben wichtiger Aufgaben oder Projekte zu Schäden verursachenden Verzögerungen kommt. Der Arbeitsalltag ist oft aufgrund der Arbeitsfülle durchgetaktet. Demzufolge sind Unternehmen in hohem Maße auf eine rechtzeitige und qualitativ zufriedenstellende Aufgabenerledigung angewiesen, damit wirtschaftliche Ziele erreicht werden und die Wettbewerbsfähigkeit gesichert bleibt. Hängen andere Personen oder Stellen von den benötigten Arbeitsergebnissen ab und können sie ohne die Zuarbeit des Aufschiebers nicht starten, bauen sich Stress und Frustrationen bei den auf die Vorarbeit angewiesenen Dritten auf. Geraten dadurch komplette Arbeitsabläufe ins Stocken, werden die Beteiligten dem Aufschieber als Störungsquelle schnell den Schwarzen Peter anheften.

Aber nicht nur die Unternehmen sind Leidtragende des Aufschiebens. Der Aufschieber ist sich selbst sein größter Feind, denn er vermindert durch sein Verhalten seine Lebensqualität. Maria Freifrau von Ebner-Eschenbach schrieb:

MÜDE MACHT UNS DIE ARBEIT, DIE WIR LIEGEN LASSEN, NICHT DIE, DIE WIR TUN.

Der Aufschieber zeichnet sich häufig durch mangelnde Vorbereitung und schlechte Organisation aus. Die Beziehungen zu Arbeitskollegen und Geschäftspartnern sind eher negativ, Projekte scheitern oder Arbeiten werden mit gerade noch knapp ausreichenden Ergebnissen abgeschlossen.

Reaktionsmöglichkeiten

Im Rahmen Ihrer Kontrollfunktion erkennen Sie, dass Ihr Mitarbeiter vom Aufschieberitis-Bazillus befallen ist. Die Vorfälle, in denen sich das Aufschiebeverhalten störend bemerkbar machte, notieren Sie sich, damit Sie dem Mitarbeiter konkrete Sachverhalte nennen können. Zunächst bitten Sie den Mitarbeiter freundlich, aber bestimmt, sein Arbeitsverhalten zu verändern. Allein die barsche Aufforderung, künftig der Aufschieberitis abzuschwören, wird jedoch kaum genügen. Auch Ihr Hinweis, dass eine ausgewachsene Aufschieberitis einen eklatanten Erfolgsvermeider sowohl für den Mitarbeiter als auch für den Vorgesetzten und das gesamte Unternehmen darstellt, ist nicht ausreichend.

Animieren Sie den Aufschieber, seine Arbeit zu planen (vgl. Seite 155). Je genauer und konkreter er plant, desto größer ist die Chance, die Planung umzusetzen. Eventuell könnten Sie ihm auch die Teilnahme an einem Zeitmanagementseminar ermöglichen, in dem ihm beispielsweise vermittelt wird, Prioritäten zu setzen, größere Aufgaben in kleine Schritte zu zerlegen oder die Selbstmotivation zu stärken.

Es wird Ihnen als grundsätzlich kooperativ führenden Vorgesetzten vermutlich kaum zusagen, den Aufschieber an einem sehr kurzen Zügel zu führen. Aber er lässt Ihnen keine andere Wahl. Statt sich mit Beteuerungen auf baldiges Handeln („demnächst", „gleich") und baldige Besserung („Ich bemühe mich doch …", „Sie können sich auf mich verlassen, ich kriege das schon hin …") vertrösten zu lassen, vereinbaren Sie stets eindeutige (Zwischen-)Erledigungstermine, die Sie intensiv – fast schon penetrant – überwachen.

Verbessert sich das Leistungsverhalten Ihres Mitarbeiters trotz Ihrer Bemühungen nicht, können Sie einem ernsthaften Gespräch mit ihm nicht mehr ausweichen. Sie werden ihm erklären, dass er in Ihrem Unternehmen nicht ehrenamtlich tätig ist, sondern gegen Bezahlung. Die Entlohnung bezieht sich nicht auf seine Anwesenheit, sondern vor allem auf die Ergebnisse seiner Arbeit. Sie verdeutlichen, dass es keine Toleranz gegenüber unüblich langen Erledigungszeiträumen gibt.

Tritt keine Verhaltensverbesserung ein, sollten arbeitsrechtliche Schritte eingeleitet werden. Mit einer Ermahnung, die Sie vorsorglich als Aktenvermerk zu Papier bringen, machen Sie dem Mitarbeiter deutlich, dass Sie sein Verhalten missbilligen. Fruchtet das nicht, zeigen Sie dem Mitarbeiter mit einer formellen Abmahnung die gelbe Karte. Erweist sich auch dieser letzte „Schuss vor den Bug" als erfolglos, darf sich der Abgemahnte nicht wundern, wenn eine fristgemäße (ordentliche) Kündigung ausgesprochen wird.

AUSSENSEITER/EIGENBRÖTLER

Während der → Sündenbock unfreiwillig von der Arbeitsgruppe seine Position im Gruppengefüge zugewiesen erhielt („wurde dazu gemacht"), hat der Außenseiter seine Randposition freiwillig gewählt.

Aufgrund eigener Entscheidung hält sich der Außenseiter von anderen Gruppenmitgliedern und deren Aktivitäten (z. B. gemeinsames Kaffeetrinken, Laufgruppe nach Feierabend, monatlicher Stammtisch, Betriebsausflug) fern. Seine Persönlichkeitsstruktur oder soziale Unfähigkeit ist dafür ursächlich, dass er das Gruppenleben von sich aus ablehnt, da er es für sich als wenig lohnend empfindet („Einsiedlertyp"). So nimmt er innerhalb der Arbeitsgruppe eine Position mit geringen Beziehungen zu den übrigen Gruppenmitgliedern ein.

Reaktionsmöglichkeiten

Weil sich der Außenseiter eher absondert, statt mit dem Strom zu schwimmen, wird er von seiner Umgebung oft misstrauisch beäugt. Dieser Sichtweise schließen Sie sich nicht an, sondern prüfen im Einzelfall, ob der Außenseiter als Individualist, Nonkonformist oder Querdenker wertvolle Beiträge liefern kann.

Darüber hinaus beachten Sie:

- Übertragen Sie ihm deutlich abgegrenzte Aufgaben, bei denen auf die Koordination mit Kollegen verzichtet werden kann. Prüfen Sie auch, ob sich die Versetzung auf eine Stelle anbietet, auf der er weitestgehend alleine arbeiten kann.
- Während sich der Außenseiter in einem Großraumbüro vermutlich unwohl fühlt, kann für ihn die Arbeit im Homeoffice maßgeschneidert sein.
- Informieren Sie den Außenseiter verstärkt, da er bei seiner bisherigen Isolation vom betrieblichen Kommunikationssystem teilweise abgeschnitten ist.
- Lassen Sie dem Mitarbeiter seinen Willen und beteiligen Sie ihn nicht mit Gewalt an Gruppenaktivitäten.
- Belassen Sie den Status quo, solange die Arbeit darunter nicht leidet.
- Beobachten Sie weiterhin aufmerksam die Situation, weil die Gefahr besteht, dass aus einem Außenseiter leicht ein Sündenbock wird.

BELEIDIGER

Mit einer Beleidigung sollen Sie eingeschüchtert werden. Auch eine von Ihnen in großer Erregung abgegebene Erwiderung passt dem Mitarbeiter ins Konzept, weil Sie dann Gefühle sprühen und nur noch zu eingeschränkten Denkaktivitäten in der Lage sind.

Wiederholen sich derartige Situationen, sind Ihrem Gegner offensichtlich die Argumente ausgegangen. Jean-Jacques Rousseau erkannte:

BELEIDIGUNGEN SIND DIE ARGUMENTE DERER, DIE UNRECHT HABEN.

Reaktionsmöglichkeiten

Der indische Weise Krishnamurti regt an, bei beleidigenden Aussagen des Kontrahenten grundsätzlich erst einmal so zu tun, als sei nichts geschehen, als habe man nichts gehört, nichts wahrgenommen, sich nicht betroffen gefühlt.

Sollte man aber auf die Beleidigung eingehen, müsste eine weiche, gelassene, aufregungslose Antwort mit verzeihendem Lächeln folgen. Wer lächelt, statt zu toben, ist immer der Stärkere!

Weiter denkbare Reaktionen:

- „Moment mal, wie darf ich Ihre Bemerkung verstehen?"
- „Okay, diese Beleidigung will ich überhört haben. Ich gebe Ihnen noch eine Chance. Wir streichen Ihren persönlichen Angriff und beginnen noch einmal von vorn. Einverstanden?"
- „Das sind ja interessante Umgangsformen Ihrerseits. So verschafft man sich Freunde!"
- „Moment mal, das wird mir jetzt zu persönlich. Ich schlage vor, wir kehren wieder zu unserem Thema zurück. Hier hatten wir ..."
- „Ihren persönlichen Angriff möchte ich nicht kommentieren, weil es mir um die Sache geht. Vorrangig ist der Punkt ... strittig. Was spricht dafür ...?"
- „Bitte gestatten Sie mir, dass ich nicht auf diesen persönlich gemeinten Angriff eingehe. Eine Fortsetzung des Gesprächs auf dieser unschönen Ebene entspricht doch nicht unserem Niveau, nicht wahr?"
- „Ich hoffe, jetzt geht es Ihnen besser. Wollen wir nun mit unserem Thema fortfahren?"

- „Nun mal langsam, Herr … Ich bin bereit, mir Ihre Argumente anzuhören. Ich bin aber nicht bereit, mich von Ihnen angreifen zu lassen."
- „Nach diesem unterirdischen Beitrag, den ich als kultivierter Mensch überhört habe, wenden wir uns besser unserem Thema zu. Hier …"

Entweder gibt der Mitarbeiter jetzt Ruhe oder er steigert seine Beleidigungen. Dann wären die folgenden Reaktionen möglich:

- „Erfahrungsgemäß starten Menschen mit persönlichen Angriffen, wenn Ihnen im sachlichen Bereich die Felle davonschwimmen. Ist es bei Ihnen jetzt so weit? Wollen Sie die sachliche Ebene verlassen?"
- „Wäre ich Schiedsrichter, würden Sie jetzt von mir die gelbe Karte sehen, der beim nächsten Ausraster die rote Karte folgen würde. Zurück zum letzten Gesichtspunkt …"
- „Jetzt gehen Sie zu weit. Ich bin erst wieder zu einem Gespräch mit Ihnen bereit, wenn Sie sich gemäßigt haben. In dieser Atmosphäre stehe ich Ihnen keinesfalls zur Verfügung."
- „Ich muss mich wohl verhört haben. Für einen Moment dachte ich, Sie hätten … gesagt, um mich zu beleidigen. Sie wollen mich doch wohl nicht beleidigen?"
- „Ihren letzten Satz haben Sie sicherlich nicht als persönlichen Angriff gemeint?"

Bei den drei letzten Reaktionen wird der Beleidiger in 99 Prozent der Fälle stutzen und sogleich beteuern, nicht die Absicht gehabt zu haben, Sie zu beleidigen oder persönlich anzugreifen. Antwortet er aber mit „Ja", hat er endgültig die Schmerzgrenze überschritten. Ihre Reaktion:

- „Nun, unter diesen Voraussetzungen bin ich an keinem weiteren Kontakt mit Ihnen mehr interessiert. Überdenken Sie Ihre inakzeptable Äußerung besser noch einmal. Sie haben eine Stunde Zeit, sich zu entschuldigen. Passiert das nicht, werde ich die erforderlichen Konsequenzen ziehen."
- „Ich tue es nur sehr ungern, aber Sie lassen mir keine andere Wahl. Suchen Sie sich eine andere Person zum Dampfablassen. Über meine weiteren Schritte werde ich Sie informieren."

Jetzt sind Sie frei, nach einigem Durchatmen und ruhigem Nachdenken arbeitsrechtliche Schritte einzuleiten, die auch in einer fristlosen Kündigung gipfeln können.

BESSERWISSER/NEUNMALKLUGER/OBERSCHLAUER

Manche Menschen müssen überall ihren Senf dazugeben und immer das letzte Wort haben. Ihnen ist es überaus wichtig, anderen Menschen beweisen zu müssen, wie toll und klug sie sind. Sie fühlen sich verpflichtet, ihre Umgebung bei jeder Gelegenheit zu korrigieren und ihren Mitmenschen haargenau zu erklären, wie der Kosmos funktioniert. Während beim → Schaumschläger ein oberflächliches oder kaum vorhandenes Fachwissen zu beklagen ist, verfügt der Besserwisser zumeist über vielseitige Kenntnisse in bestimmten Wissensgebieten, mit denen er bei jeder sich bietenden Gelegenheit glänzen möchte. Um Aufmerksamkeit, Anerkennung und Bewunderung zu bekommen, wird er zu einem notorischen Rechthaber mit Formulierungen wie:

- „Das stimmt doch überhaupt nicht ..."
- „Das muss man anders sehen, nämlich ..."
- „So mögen Sie das ja sehen. Tatsache ist aber ..."
- „Wer sich mit der Materie beschäftigt hat, weiß ..."
- „Mit Halbweisheiten sollten wir uns nicht begnügen. Fakt ist doch ..."

Ohne auf die Gefühle und Bedürfnisse von Kollegen einzugehen, will der Besserwisser den Mitmenschen seine Meinung aufdrücken. Grundsätzlich sind Unterstützung und gutes Teamwork unter Kollegen willkommen. Allerdings wird die Art und Weise, wie der Besserwisser sein Know-how einbringt, nicht geschätzt. Kollegen reagieren genervt, wenn sich ein Besserwisser ständig mit unerbetenen Ratschlägen einmischt. Je stärker er sich ins rechte Licht rückt und den Eindruck vermittelt, die Weisheit mit Löffeln gefressen zu haben, umso mehr lässt er die Kollegen dumm, unwissend und „alt" aussehen. Zweifelt ein Kollege die Aussagen des Besserwissers an, wird sogleich dessen Unfähigkeit erkennbar, mit Kritik konstruktiv umzugehen. Mit seiner entschiedenen Gegenwehr ist zu rechnen, indem andere Erkenntnisse beispielsweise als unzutreffend, nicht vergleichbar, überholt, unglaubwürdig oder nur in geringem Teil verwertbar dargestellt oder sogar ganz abgewürgt werden. Gleichzeitig werden die eigenen Ausführungen selbstverständlich erneut als das Nonplusultra herausgehoben.

Mancher Besserwisser betrachtet Meetings als ausgezeichnete Bühne, sich selbst in Szene zu setzen und vor einem größeren Zuhörerkreis mit seinen Kenntnissen und seiner Bildung zu glänzen. Statt kurze und präzise Beiträge zu liefern, gleichen seine Aussagen ausladenden Vorträgen, mit denen jeder zeitliche Rahmen gesprengt wird und andere Teilnehmer zur Passivität verurteilt werden.

Dem Besserwisser ist nicht bewusst, dass er mit seiner Profilneurose genau das Gegenteil von der erhofften Aufmerksamkeit und Anerkennung erreicht. Mit seinem Verhalten verbaut er sich seine Einwirkungsmöglichkeiten sowie sein berufliches Fortkommen. Letztlich wird er von seinen Mitmenschen wegen seines oft überheblichen, herablassenden und als arrogant empfundenen Auftretens verstärkt geschnitten, selbst wenn dadurch sein Know-how verlorengeht.

Reaktionsmöglichkeiten

Während ein Besserwisser im Brustton der Überzeugung seine Aussage verkauft, können Sie nicht immer den Wahrheitsgehalt seiner Information erkennen oder auf die Schnelle widerlegen. Scheuen Sie sich in diesem Fall nicht, mit Fragen weitere Auskünfte einzuholen:

- „Was steht bei Wikipedia dazu? Wir sollten doch gleich einmal nachschauen ..."
- „Haben Sie hierzu ein Beispiel parat?"
- „Woher wissen Sie das?"
- „Wie oft haben Sie das schon ausprobiert?"
- „Konnten Sie sich davon schon persönlich überzeugen?"
- „Woran erkennen wir, dass ..."

Entweder erhalten Sie nun zusätzliche Informationen, die Sie ein Stück voranbringen oder der Besserwisser rudert zurück und ist künftig vorsichtiger, bevor er Behauptungen ohne Substanz von sich gibt.

Manche Kollegen des Besserwissers setzen sich gegen dessen Verhalten zur Wehr mit Kommentaren wie:

- „Gut, dass wir Sie haben, ohne Sie wären wir niemals darauf gekommen."
- „Riechen Sie auch, wie es wieder einmal nach Eigenlob stinkt?"
- „Wie immer wissen wir Ihre profunde, ungefragte Meinung zu schätzen ..."

Lässt sich der Besserwisser auf diese Weise nicht stoppen und wird er mit seinem aufdringlichen und rechthaberischen Verhalten zu einem Störfaktor, greifen Sie ein. Passen Sie den Moment ab, wenn er wieder einmal den Unmut seiner Umgebung geweckt hat und führen ein klärendes Gespräch unter vier Augen:

Beispiel:
„Ist Ihnen aufgefallen, was gerade geschehen ist? Sie haben sich mit Ihren Informationen in den Vordergrund gedrängt und andere Informationen nicht gelten lassen. Kein Wunder, wenn einige Kollegen sich von Ihnen belehrt, bevormundet, gemaßregelt oder überfahren fühlen. Kollegen können auch das Gefühl haben, sie würden von Ihnen nicht als gleichberechtigt akzeptiert oder als inkompetenter Gesprächspartner betrachtet. Und das kann ich gut nachvollziehen. Kaum jemand ist auf einen Besser-

wisser oder Neunmalklugen gut zu sprechen. Sie sollten die Beiträge von Kollegen nicht niedermachen, sondern sie ausreden lassen, ihnen zuhören und dabei Positives aufnehmen. Ihnen ist doch bewusst, dass niemand so viel weiß wie wir alle zusammen. Hand aufs Herz: Wie würden Sie sich fühlen, wenn Sie ständig von einem Kollegen korrigiert und verbessert würden? Indem Sie sich zurücknehmen und nur auf Wunsch der Kollegen unaufdringlich und helfend eingreifen, würden Sie zunehmend von Ihrer Umwelt akzeptiert. Ich weiß, dass Sie ein umfangreiches Know-how besitzen, mit dem Sie schnell und angemessen auf verschiedene Situationen reagieren können. Deshalb sollte es Ihnen auch jetzt gelingen, mit einer Verhaltensänderung die Zusammenarbeit im Interesse aller Beteiligten zu verbessern."

In diesem Gespräch gehen Sie einer Diskussion über die sachlichen Aspekte des Vorgefallenen aus dem Weg und thematisieren ausschließlich das kritikwürdige Verhalten des Oberschlauen.

Nutzen Sie die vorhandene fachliche Kompetenz des Besserwissers, indem Sie ihm besonders knifflige Aufgaben übertragen. Nach erfolgreicher Aufgabenerledigung geizen Sie nicht mit verdienter Anerkennung unter Ausschluss der Öffentlichkeit. Indem Sie seine Leistungen und sein Wissen positiv bewerten, wird sein Selbstvertrauen gesteigert. Die erhaltenen wohlverdienten Streicheleinheiten sollten genügen, dass er sich nicht mehr ständig als Besserwisser beweisen muss.

BETRIEBSTOURIST

Hin und wieder halten sich Mitarbeiter für unangreifbar oder über den Dingen stehend, zum Beispiel aufgrund der Nähe zum Firmeninhaber oder einem leitenden Mitarbeiter, einer Mitgliedschaft in der Gewerkschaft oder dem Betriebsrat, wegen der tariflichen Unkündbarkeit oder lediglich aufgrund übersteigertem Selbstbewusstsein („Mir kann keiner was"). Sie lassen Arbeitsfleiß und Loyalität vermissen und stellen einen ständigen Unruheherd dar.

Der Vorgesetzte hat sich möglicherweise ohne Erfolg an diesem harten Brocken abgearbeitet und es schließlich aufgegeben, auf ihn einzuwirken. Nun fügt er sich in das Unvermeidliche und setzt eine Sparflammen-Zusammenarbeit zähneknirschend fort.

Das ständige Ärgernis sorgt immer wieder für schlechte Stimmung, der damit verbundene negative Stress zehrt an ihm und beeinträchtigt seine Lebensqualität. Schließlich kommt der Vorgesetzte ins Grübeln, wie er sich dieses Mitarbeiters elegant entledigen kann. Die Lösung dieses Problems wird letztlich in einer Umsetzung/Versetzung des Mitarbeiters gesehen. Ist hierfür eine positive Beurteilung erforderlich, wird der Mitarbeiter mit einer geschönten Beurteilung „weggelobt".

Immer wieder hört man von Betriebsangehörigen, die von Abteilung zu Abteilung weitergereicht wurden, wobei kein Vorgesetzter bereit war, sich an diesen Mitarbeitern die Finger zu verbrennen. Mitglieder dieser Spezies mutierten zu Betriebstouristen. Diese werden möglichst auf Stellen eingesetzt, auf denen sie kaum Schaden anrichten können. Die Verweildauer in der einzelnen Abteilung wird jeweils so kurz bemessen, dass – so die Hoffnung – die übrigen Mitarbeiter nicht von den negativen Verhaltensweisen angesteckt werden können.

Was läuft hier falsch? Kein Vorgesetzter hatte sich bemüht, mit frühzeitigen arbeitsrechtlichen Schritten dem Treiben dieses Mitarbeiters entgegenzutreten und ein mindestens durchschnittliches Arbeits- und Leistungsverhalten durchzusetzen.

Reaktionsmöglichkeiten

Gegen die Personalentscheidung, den Betriebstouristen in Ihre Abteilung zu versetzen, haben Sie sich erfolglos gewehrt. Allerdings gelang es Ihnen, von der Personalabteilung die Zusage zu erhalten, dieser Mitarbeiter würde Ihnen in einem überschaubaren Zeitraum wieder abgenommen, wenn er auch im neuen Funktionsbereich die normalüblichen Erwartungen nicht erfüllt.

Auch wenn dem Betriebstouristen ein negativer Ruf vorauseilt, sollten Sie zunächst die Schwarzseherei vermeiden und den Neuling trotz mehrerer fehlgeschlagener Anläufe in anderen Betriebsteilen möglichst vorurteilsfrei aufnehmen. Sie versuchen, das Beste aus der Situation zu machen, indem Sie ihm mit Wertschätzung begegnen und ihm erklären, dass für Sie Vergangenes aus anderen Unternehmensbereichen nicht gilt, sondern dass Sie ihm zutrauen, die neuen Aufgaben erfolgreich zu meistern. Nun habe er es in der Hand, positiv auf sich aufmerksam zu machen.

Hin und wieder erwiesen sich Betriebstouristen nach einer Versetzung als gute bis durchschnittliche Mitarbeiter. Unter den veränderten Bedingungen am neuen Arbeitsplatz konnten sie ihr Potenzial in idealer Weise einbringen. Plötzlich machte ihnen ihre Arbeit wieder Freude und sie gingen ihrer Tätigkeit mit zunächst kaum erwarteter Motivation nach.

Bleibt es aber bei den negativen Verhaltensweisen des Mitarbeiters, sollte nun unter Berücksichtigung der deprimierenden Vorgeschichte ein „sauberer Schnitt" gewagt werden. Günstig wäre es, den Mitarbeiter gegen eine Abfindung, deren Höhe in § 10 Abs. 3 Kündigungsschutzgesetz geregelt ist, zu einer formellen Kündigung oder zum Abschluss eines Auflösungsvertrags zu bewegen. Andere arbeitsrechtliche Möglichkeiten werden in diesem Fall kaum greifen, weil der Mitarbeiter vor den Arbeitsrichtern argumentieren kann, der Arbeitgeber sei mit seinem Verhalten einverstanden gewesen und habe es über eine längere Zeit auch nicht sanktioniert.

BLAUMACHER

Manche Arbeitnehmer planen eine Auszeit auf Krankenschein. Sie betrachten das sogenannte Blaumachen als Kavaliersdelikt und übersehen dabei, dass sie so ihren Arbeitsplatz aufs Spiel setzen.

Juristisch ist das Blaumachen ein Betrugstatbestand. Einerseits täuscht der Arbeitnehmer den Arbeitgeber über seine Arbeitsunfähigkeit, andererseits erschleicht er sich ohne entsprechende Gegenleistung einen oder mehrere arbeitsfreie Tage. Täuscht der Mitarbeiter eine Erkrankung vor, um eine Arbeitsunfähigkeitsbescheinigung („gelber Schein", „Krankenschein") zu erschleichen, kann dies eine fristlose Kündigung ohne vorhergehende Abmahnung zur Folge haben.

Ein Kündigungsgrund besteht auch dann, wenn der Mitarbeiter seinem Arbeitgeber im Vorfeld androht, krankzufeiern, wenn er ihm nicht einen beantragten Urlaub genehmigt oder von einer unbeliebten Sonderschicht befreit („Dann bin ich eben ab morgen krank."). Auch der Bemerkung „Leider habe ich keinen Urlaub mehr, deshalb bin ich am kommenden Brückentag krank", kann nach dem „krankgefeierten" Brückentag die fristlose Kündigung folgen.

Reaktionsmöglichkeiten

In der Arbeitsunfähigkeitsbescheinigung bestätigt der Arzt, dass der Mitarbeiter nicht in der Lage ist, zu arbeiten. Dabei werden keine Informationen über die zugrunde liegende Krankheit übermittelt, wohl aber die voraussichtliche Dauer der Erkrankung. Die ärztliche Arbeitsunfähigkeitsbescheinigung hat einen hohen Beweiswert, das heißt, der Arbeitgeber hat ihr zunächst uneingeschränkt zu glauben, selbst wenn er mutmaßt, dass der Arzt bei der Ausstellung überaus großzügig verfahren ist.

Vermutet der Arbeitgeber, die Arbeitsunfähigkeitsbescheinigung sei zu Unrecht ausgestellt worden, kann er sich an den Medizinischen Dienst der Krankenversicherung (MDK) wenden. Dieser prüft, ob der Mitarbeiter tatsächlich krank ist. Häufig bleibt dieser Weg ohne verwertbares Ergebnis, weil der Medizinische Dienst nicht schnell genug bei dem Krankgeschriebenen sein kann. Deshalb beauftragen manche Firmen zur Klärung einen Detektiv. Nach dem Bundesdatenschutzgesetz ist dies nur bei einem konkreten Verdacht einer Straftat zulässig. Der Detektiv muss bei seinem Auftrag die Privatsphäre des Mitarbeiters respektieren. Gelingt es, den Mitarbeiter beispielsweise bei nächtlichen Lokalbesuchen, bei der Ausübung von Nebentätigkeiten während der Krankschreibung oder bei stunden- oder tagelanger körperlich schwerer Arbeit zu ertappen, wird der Arbeitgeber mit Aussicht auf Erfolg fristlos kündigen. Schließlich hat der Mitarbeiter durch sein Verhalten seine Heilung erschwert oder verzögert.

Arbeitgeber sollten sich auf jeden Fall im Vorfeld einer fristlosen Kündigung von einem Rechtsanwalt für Arbeitsrecht oder einem fachkundigen Hausjuristen beraten lassen, um die Rechtssicherheit der Kündigung zu gewährleisten.

Im Falle eines nachweisbaren Blaumachens werden Sie nicht Gnade vor Recht ergehen lassen, sondern die Trennung von dem Blaumacher einleiten. Eine weitere Zusammenarbeit mit einem überführten Betrüger wollen Sie sich sicherlich nicht zumuten. Auch hat diese unmissverständliche Reaktion eine deutliche Signalwirkung auf die übrigen Mitarbeiter, die nicht zu unterschätzen ist.

BOREOUT-INFIZIERTER

Befindet sich ein Mitarbeiter in einem Zustand ständiger Langeweile bei sinnlosen oder unterfordernden Arbeiten, zieht sich der Arbeitstag zäh in die Länge, die Zeit scheint kaum zu vergehen und wird unproduktiv bis zum Feierabend abgesessen. Dieses Schicksal trifft nach dem Stressreport der Bundesanstalt für Arbeitsschutz und Arbeitsmedizin aus dem Jahr 2012 auf 5 Prozent der Arbeitnehmer zu, die sich in ihrem Beruf mengenmäßig unterfordert fühlen, im fachlichen Bereich sind es sogar 13 Prozent. Auch eine bewusste Arbeits- und Leistungszurückhaltung stellt einen Stressfaktor dar, denn der Mitarbeiter muss seine mangelnde Leistungsbereitschaft vor seinem Vorgesetzten, den Kollegen und Geschäftspartnern verbergen und sich ständig verstellen. Es wird der Eindruck vermittelt, arbeitstechnisch komplett ausgelastet zu sein. Gleichzeitig hält man sich Arbeit vom Leibe und schiebt eine ruhige Kugel. Dabei kann das Vortäuschen von Tätigkeiten anstrengender sein als die Erledigung dieser Tätigkeiten. Es wird von Boreout-Infizierten berichtet, deren Täuschungsmanöver darin gipfeln, morgens als Erster am Arbeitsplatz zu erscheinen und abends als Letzter im Unternehmen das Licht zu löschen.

Versucht der unterforderte, desinteressierte oder unendlich gelangweilte Arbeitnehmer seine Situation zu kaschieren und nichts an ihr zu verändern, dauert es nicht lange, bis es zu einem Boreout-Syndrom (Boreout – deutsch: Ausgelangweilt sein) mit nahezu deckungsgleichen Symptomen wie bei einem Burnout (vgl. Seite 201) kommt. Je länger dieser Zustand währt, desto mehr sinkt das Vertrauen des Betroffenen in die eigenen Fähigkeiten. Aus Angst vor Überforderungen bei einer beruflichen Veränderung wird alles getan, um die gegenwärtige Situation beibehalten zu können.

Dabei ist Boreout ein individuelles Problem des Mitarbeiters, welches er selbst lösen kann, indem er sich im Betrieb engagiert, neue Projekte anschiebt oder sich um die Übernahme weiterer, ihn fordernden Aufgaben bemüht. Nutznießer wäre nicht nur der Betrieb, sondern vorrangig er selbst durch die Anhebung seiner Lebensqualität.

Reaktionsmöglichkeiten

Im Rahmen Ihrer nicht delegierbaren Führungsaufgabe „Kontrolle" schärfen Sie Ihre Aufmerksamkeit, um Fälle von Boreout in Ihrem Bereich frühzeitig zu erkennen. Wenn möglich, sollten Sie anschließend das Prinzip der Job-Rotation nutzen, das einen regelmäßigen Aufgabenwechsel beinhaltet. Mit einem Job-Enlargement kann eine Ausweitung des Aufgabenbereichs erfolgen. Es werden zusätzliche Aufgaben übertragen, die etwa das gleiche Anforderungsniveau haben wie die bisherigen. Demgegenüber lässt sich mit einem Job-Enrichment (Aufgabenbereicherung) eine qualitative Anreicherung der Arbeitsinhalte erzielen, sodass ungenutzte Ressourcen des Mitarbeiters in stärkerem Maße abgerufen werden.

Bei einer bewussten Arbeits- und Leistungszurückhaltung beschreitet der Mitarbeiter einen gefährlichen Weg. Kann der Arbeitgeber vor dem Arbeitsgericht deutlich machen, dass der Arbeitnehmer seine Arbeit gezielt verschleppt, hat eine Kündigungsklage größere Aussicht auf Erfolg.

BREMSER/VERÄNDERUNGSBLOCKIERER

Jeder, der Veränderungen einzuleiten und durchzuführen hat, wird mit dem Phänomen des Widerstands vieler Mitarbeiter konfrontiert. Deshalb sind Vorgesetzte aufgerufen, Veränderungsprozesse erfolgreich zu implementieren und dabei die Mitarbeiterenergien in Erfolg versprechende Bahnen zu lenken.

Noch nie in der Menschheitsgeschichte vollzogen sich Wandel und Umgestaltung so rasant wie heute. Früher wurden lange Phasen der Stabilität und Kontinuität eher selten von Veränderungen unterbrochen. Heute – und künftig noch stärker – ist die Veränderung in nahezu allen Lebensbereichen fast Normalität geworden. Zu denken gibt in diesem Zusammenhang eine Erkenntnis des britischen Naturforschers Charles Darwin:

> ES IST NICHT DIE STÄRKSTE SPEZIES, DIE ÜBERLEBT,
> AUCH NICHT DIE INTELLIGENTESTE,
> ABER DIEJENIGE, DIE AM ANPASSUNGSFÄHIGSTEN
> AUF VERÄNDERUNGEN REAGIERT.

Die gegenwärtig vielfältigen Veränderungen können Gefühle wie Unsicherheit, Entwurzelung und Verunsicherung erzeugen. Aufkommende Ängste verstärken das Beharrungsvermögen, man verhält sich Neuem gegenüber skeptisch bis ablehnend und bevorzugt trotzt möglicher Schwächen und Nachteile das Bisherige. – Hand aufs Herz: Wie lange rechneten Sie nach Einführung des Euros Preise in Deutsche Mark um? Monate oder gar Jahre? – Das Altbekannte wird favorisiert und dem Unbekannten mit Argwohn begegnet. Wozu etwas über Bord werfen, was sich doch im Großen und Ganzen bewährt hat? Selbst bei erkennbar positiven Wirkungen einer Veränderung greift häufig die „Schuster-bleib-bei-deinen-Leisten-Mentalität".

Der Bremser vertritt die Auffassung: „Wer sich bewegt, läuft Gefahr zu stolpern oder auf die Nase zu fallen."

Reaktionsmöglichkeiten

Sie akzeptieren abwehrende Reaktionen nicht, sondern bemühen sich, Blockierer ins Leere laufen zu lassen. Folgende Aussagen können dabei möglicherweise helfen:

- „Tradition ist gut, Fortschritt ist besser – ein Grundsatz, der heute mehr denn je gilt."
- „Nur wer sich in Bewegung setzt, kann etwas bewegen."

- „Nur wer etwas entdecken will, muss Deckung aufgeben."
- „Habe ich Sie richtig verstanden? Nur weil wir es immer so gemacht haben, soll es ewig so weitergehen? Sind für Sie die Begriffe Innovation und Fortschritt etwa Teufelszeug?"
- „Ich fürchte, damit machen Sie es sich zu leicht. Denken Sie etwa ‚Nach mir die Sintflut' und fühlen Sie sich deshalb für das Geschehen in unserer Firma nicht verantwortlich?"
- „Es liegt in unserem Interesse, künftige Veränderungen nicht in Bausch und Bogen abzulehnen. Mir erscheint es sehr viel günstiger, uns frühzeitig in den Veränderungsprozess einzubringen, um praktikable Lösungen zu erreichen, mit denen wir gut leben können."
- „Ich sehe eine Gefahr: Wer nichts verändern will, wird auch das verlieren, was er bewahren möchte. Versuchen wir, das für uns Beste daraus zu machen, indem wir uns bemühen, mit unserem Know-how den Veränderungsprozess zu begleiten und möglichst mit unseren Interessen zu verbinden."
- „Lassen Sie uns doch beim Thema bleiben. Welche Vorteile weist der Vorschlag gegenüber der bisherigen Vorgehensweise auf?"
- „Niemand kann sich neuen Erkenntnissen verschließen. Eine veränderte Informationsbasis muss dazu führen, frühere Entscheidungen zu überdenken und den aktuellen und künftigen Gegebenheiten anzupassen."
- „Wenn wir es immer schon so gemacht haben, wird es jetzt allerhöchste Zeit, eine Veränderung vorzunehmen. Verpassen wir diese Chance, dürfen wir uns nicht wundern, wenn über kurz oder lang Arbeitsplätze gefährdet sind."
- „Mit den Methoden von vorgestern und gestern die Schwierigkeiten der Zukunft lösen wollen – wie soll das wohl funktionieren? Können Sie mir das plausibel erklären?"
- „Nett, dass Sie auf Negatives hinweisen. Sicherlich wollen Sie ein ausgewogenes Urteil abgeben. Deshalb erwarte ich von Ihnen nun die positiven Aspekte dieses Vorschlags."

Sie könnten auch mit Sprüchen aufwarten, die bereits die Wände vieler Arbeitsräume zieren:

- Nichts in der Geschichte des Lebens ist beständiger als der Wandel.
- Nichts ist so gut, dass man es nicht noch besser machen kann.
- Das Bessere ist der Feind des Guten.
- Es ist nicht gesagt, dass es besser wird, wenn es anders wird. Aber wenn es besser werden soll, muss es anders werden.
- Wer rastet, der rostet.
- Wer nicht ständig besser wird, hört bald auf gut zu sein.
- Wer heute nichts tut, lebt morgen wie gestern.
- Morgen geht gestern nicht weiter.

Vielen Veränderungsprozessen bleibt der Erfolg versagt, weil Vorgesetzte beim ersten Anzeichen von Widerstand oder erkennbaren Meinungsverschiedenheiten zu schwanken beginnen. Einer unschlüssigen oder verunsicherten Führungskraft wird es schwerlich gelingen, gegen sich abzeichnende Ressentiments der Mitarbeiter den Veränderungsprozess zu einem Erfolg zu verhelfen.

Vielmehr erfordert es Mut, notwendige Veränderungen gegenüber Dritten zu verteidigen. Versuchen Vorgesetzte hierbei allerdings, Widerstände der Mitarbeiter durch Einsatz von Machtmitteln aus dem Weg zu räumen, sind destruktive Verhaltensweisen vorprogrammiert:

- mürrische Widerspenstigkeit
- langsames Erlernen neuer Arbeitsmethoden
- schlechte Arbeitsqualität
- vermehrte „Missverständnisse“
- Dienst nach Vorschrift
- in der Neuerung enthaltene Fehler werden nicht ausgemerzt, sondern prompt und „gewissenhaft“ vollzogen
- Vortragen von recht unwahrscheinlichen Gefahr- und Extremfällen, in denen die Veränderung zweifelhaft erscheint
- prinzipielle Aversionen gegen Anweisungen und Vorschriften, die am grünen Tisch erarbeitet wurden und deren Tragweite „die da oben“ in ihrer „Praxisferne“ nicht ermessen können

Viele Widerstände gegen Veränderungen kämen überhaupt nicht erst auf, wenn Mitarbeiter ihrem Vorgesetzten auch in dieser Phase der Instabilität Vertrauen entgegenbringen würden. Eines ist unbestritten: Mitarbeiter folgen ihrem Vorgesetzten, wenn dieser glaubwürdig, wahrhaftig, eben authentisch handelt. Ein Großteil der Widerstände ließe sich durch mehrere miteinander zu kombinierende vertrauensfördernde Steuerungselemente vorbeugend vermeiden oder wenigstens verringern. Ihre Aktivitäten könnten folgende Punkte einschließen:

- Sie stärken bei Ihren Mitarbeitern die generelle Einsicht in die Notwendigkeit von Veränderungen, denn künftig wird es in immer schnellerer Folge zu veränderten Weichenstellungen kommen. Ermutigen Sie Ihre Mitarbeiter, sich am Betrieblichen Vorschlagswesen (BVW) oder Kontinuierlichen Verbesserungsprozess (KVP) zu beteiligen und Verbesserungsvorschläge einzureichen.
- Sie informieren Ihre Mitarbeiter frühzeitig über eine erwogene Veränderung. So bricht eine Umstellung nicht plötzlich und unerwartet über die Betroffenen herein. Die Mitarbeiter können sich dann in Ruhe mit dem Für und Wider beschäftigen und Fragen, Anregungen und Einwände formulieren.
- Sie begründen, weshalb die Änderung nötig ist und stellen heraus, dass an ihr kein Weg vorbeiführt. Dabei bitten Sie die Mitarbeiter, Ihre Sachkompetenz für bestmögliche Lösungen einzubringen, denn oft steckt der Teufel im Detail, was Ihre Mitarbeiter als Spezialisten am besten überblicken können.
- Sie unterstreichen mit überzeugenden Beispielen das Vorhaben.

- Sie erwähnen auch mögliche Nachteile und informieren über voraussichtliche Konsequenzen. Dabei verdeutlichen Sie, dass sich durch die Änderung per Saldo eine Verbesserung ergeben wird.
- Sie sorgen für einen ungehinderten Informationsfluss.
- Sie engen die Handlungsspielräume der Mitarbeiter nicht zu stark ein und legen das künftige Vorgehen nicht bis in die kleinste Einzelheit fest.
- Sie gestehen den Mitarbeitern die erforderliche Umstellungszeit zu.
- Sie planen nicht zu viele Änderungen in zu kurzer Zeit ein. Ansonsten würde eine größere Anzahl von Änderungen innerhalb einer kürzeren Zeitspanne regelmäßig zu „organisatorischen Verdauungsschwierigkeiten" führen.
- Sie achten darauf, dass Mitarbeiter rechtzeitig über das erforderliche Know-how verfügen.

Mit dieser Vorgehensweise beherzigen Sie die wichtigste Motivationsregel des Managements:

Die von einer Änderung Betroffenen beteiligen und nicht die Beteiligten durch Übergehen betroffen machen!

Das Einbeziehen von Mitarbeitern in Änderungsprozesse kann den Nachteil haben, dass alles etwas träge funktioniert. Andererseits spricht die Effizienz bei der Realisierung für die dargestellten vertrauensbildenden Steuerungselemente. Durch sie werden Umstellungen sehr intensiv vorbereitet, weil die Betroffenen weitgehend am Entscheidungsprozess mitwirken. Ein anfänglich höherer Zeit- und Diskussionsaufwand wird durch ein schnelleres und reibungsärmeres Umsetzen von Veränderungen kompensiert.

CHOLERIKER

Auf einen Choleriker treffen Eigenschaften wie unbeherrscht, rücksichtslos, unduldsam, streitsüchtig und jähzornig zu. Ein falsches Wort, ein geringfügiger Fehler oder ein schiefer Blick genügen, dass der Choleriker in einer unangenehmen Art und Weise aus der Haut fährt und durch die Decke geht. Er braust schnell auf, kann sich bis zu Brüll- und Schreiattacken steigern, die mit Tobsuchtsanfällen vergleichbar sind, und wirft bisweilen sogar mit Akten oder sonstigen Gegenständen um sich. Er verfügt über eine geringe Frustrationstoleranz und eine für Dritte oft nicht nachvollziehbare Erregbarkeit. Nach einem Wutausbruch, bei dem die Wände wackeln und auch Beleidigungen an der Tagesordnung sein können, kann sich der Wüterich genauso schnell wieder abkühlen und zur Tagesordnung übergehen, während die entsetzten Kollegen das gerade Erlebte noch verschreckt verarbeiten. Es ist nicht überraschend, wenn der zur Ruhe gekommene Choleriker sich anschließend mit ausgesuchter Freundlichkeit um Wiedergutmachung bemüht. Für die betriebliche Umwelt gestaltet sich die Zusammenarbeit mit ihm als besonders schwierig und kann zu einer schwer zu ertragenden, bei häufigen Wiederholungen unzumutbaren Belastung werden.

Reaktionsmöglichkeiten

Wenn möglich, sollten Sie einen Choleriker weder mit einem sensiblen noch mit einem leicht erregbaren Kollegen auf engem Raum zusammenarbeiten lassen. Während der Sensible nach einer Explosion des Cholerikers völlig am Boden zerstört ist, kann eine kaum mehr zu steigernde Eskalation erwartet werden, wenn der Choleriker auf einen ebenfalls aufbrausenden Kollegen trifft. Als Zimmergenosse bietet sich besser ein robuster und in sich ruhender Mitarbeiter an.

Zum generellen Umgang mit Cholerikern empfiehlt es sich, nicht eine Konfrontation zu suchen, sondern ruhig und positiv auf ihn einzuwirken. Mark Twain gab zu bedenken:

> DER LÄRM TUT NICHTS ZUR SACHE.
> OFT GACKERT EINE HENNE, DIE NUR EIN WINDEI GELEGT HAT, SO LAUT,
> ALS HÄTTE SIE EINEN GANZEN PLANETEN ZUR WELT GEBRACHT.

Keinesfalls nehmen Sie die Launen des Cholerikers persönlich. Lässt er seine Frustrationen an Ihnen ab, liegt es daran, dass Sie zufällig gerade anwesend sind. In keinem Fall lassen Sie sich dazu hinreißen, selbst laut zu werden. Kommen Sie dem Choleriker nämlich quer, können Sie mit einer Eskalation mit einem nicht vorhersehbaren Resultat rechnen. Stellen Sie sich mit einer lauten Entgegnung auf die Stufe des Cholerikers, wirken Sie auf Dritte wenig souverän, sondern in dieser Situation überfordert. Bevor Sie in erregtem Zustand unbedacht reagieren, lassen Sie besser den Choleriker stehen und verlassen den Raum.

Wenn Sie direkt reagieren, nehmen Sie ihm den Wind aus den Segeln, indem Sie betont ruhig und leise sprechen und dabei zu dem Schreihals bei aufrechter Körperhaltung einen intensiven Blickkontakt (erzeugt „Beißhemmung") aufnehmen:

- „Sollten wir uns nicht in Ruhe aussprechen? Wir verstehen uns doch recht gut."
- „Ich glaube, das Sprichwort ‚Wer schreit, hat Unrecht', findet jetzt seine Bestätigung."
- „Die Vernunft spricht leise. Deshalb wird sie so selten gehört. Wo bleibt Ihre Vernunft? Wo bleibt Ihre Beherrschung?"
- „Ich frage mich, weshalb Sie so laut geworden sind. Meine Ohren sind noch bestens intakt. Sie können ruhig Ihre Lautstärke reduzieren."
- „Ich schlage vor, Sie nennen mir den Grund Ihrer Erregung. Vielleicht können wir ihn beseitigen und anschließend wieder wie zivilisierte Mitteleuropäer zur Tagesordnung übergehen."

Tritt keine Beruhigung ein, reagieren Sie weiter ruhig und leise mit Blickkontakt:

- „Was haben Sie gesagt?"
- „Bis jetzt war nur Ihr Kehlkopf aktiv. Was sagt denn Ihr Kopf dazu?"
- „Bisher haben Sie nur gebrüllt. Wollen Sie mir jetzt etwas sagen?"

In einer Studie der Universität Baltimore wird eine weitere Reaktion als besonders effektiv beschrieben: Positiv auf den Choleriker eingehen. Die Begründung: Hinter dem Ausraster steckt das kurzfristige Gefühl von Ohnmacht. Zunächst spürt der Choleriker, dass er die Dinge selbst nicht mehr kontrollieren kann, woraufhin er die Selbstbeherrschung verliert und inakzeptable Reaktionen zeigt. Das Entgegenbringen von Verständnis vermittelt dem Choleriker, dass er nicht mehr allein ist, das Gefühl von Ohnmacht löst sich auf und er findet schneller in den Normalzustand zurück. Allerdings ist die Floskel „Beruhigen/entspannen Sie sich" fehl am Platz. Mit ihr wird indirekt gesagt, der Brüller sei unentspannt und aufgeregt, was dieser als Provokation aufnimmt, die zur Fortsetzung seines ungebührlichen Verhaltens führen kann.

Bei häufigen Eruptionen des Cholerikers wird die friedliche Zusammenarbeit Schaden nehmen. Deshalb sprechen Sie den Choleriker in einer ruhigen Minute, in der er sich ausgeglichen und normal verhält, auf sein nicht akzeptables und verstörendes Benehmen und seine keinesfalls geduldeten ungebremsten Aggressionen an. Dabei kündigen Sie eventuell mögliche Konsequenzen (beispielsweise Nichtberücksichtigung bei Sonderwünschen, bei Beförderungen, Versagen von Benefits) an, bevor Sie arbeitsrechtliche Maßnahmen ergreifen.

Hat der Choleriker bei einem Wutausbruch betriebliches Eigentum beschädigt oder zerstört (z. B. den Computer in seine Einzelteile zerlegt oder die Schreibtischleuchte vom Schreibtisch gefegt), wird er zum Schadensersatz herangezogen. Vielleicht erzeugen auf ihn zukommende finanzielle Belastungen eine zusätzliche heilsame Wirkung, den innerbetrieblichen Frieden durch seine HB-Männchen-Ausraster („Halt, mein Freund! Wer wird denn gleich in die Luft gehen?") nicht weiter zu stören.

CHRONISCHER MIESMACHER/NÖRGLER

Diese negativ eingestimmten Menschen haben an allem etwas auszusetzen und finden immer ein Haar in der Suppe, wie auch der US-amerikanische Schriftsteller Henry David Thoreau feststellt:

DER NÖRGLER WIRD SOGAR IM PARADIES ALLERLEI FEHLER FINDEN.

So ist der Kaffee im Büro eine Zumutung, die Kunden allesamt Idioten und der Chef sollte besser in Rente gehen. Ihre Arbeit treten sie bereits mies gelaunt an und verbreiten schon an der Kaffeemaschine ihre schlechte Laune. Kleine Problemchen werden zur Katastrophe oder zum Desaster aufgebauscht. Mit ihrer schwarzmalerischen Einstellung kann es dem „faulen Apfel im Korb" gelingen, Kollegen anzustecken, zu demotivieren, das Betriebsklima und die Arbeitsleistung des Teams in den Keller zu ziehen. Sie nerven ihre Umgebung nicht nur, sondern zeigen auch ein mangelndes Verantwortungsbewusstsein. Zwar weisen sie auf tatsächliche oder angebliche Fehler hin, unternehmen aber nichts, um eine Verbesserung herbeizuführen. Vielmehr erweisen sie sich als ständige Quelle von Hoffnungslosigkeit und Agonie.

Mit ihrem von den übrigen Mitarbeitern als negativ eingestuften Verhalten gehen sie aber auch das Risiko ein, abgelehnt zu werden und zum → Sündenbock in der Arbeitsgruppe zu werden.

Reaktionsmöglichkeiten

Bevor Sie eine Entscheidung treffen, sammeln Sie vielfältige Informationen, überdenken die Argumente Ihrer Mitarbeiter, bilden sich eine umfassende Meinung und treffen schließlich einen Entschluss. Nun sollten Sie erwarten, dass Ihre Mitarbeiter Ihre Entscheidung akzeptieren und nicht torpedieren, indem sie diese immer wieder infrage stellen und so Ihre Autorität untergraben. Diese Überlegung trifft auf den Miesmacher und Nörgler nicht zu, er bleibt sich treu und geht in die Opposition. Ihre Reaktion:

„Herr ..., ich schätze durchaus Ihr Engagement, wenn Sie vor einer Entscheidung Ihre Meinung und Ihre Argumente einbringen. Ist aber eine Entscheidung gefallen, bringen uns destruktive Querschüsse nicht weiter. Besser wäre eine konstruktive Begleitung der Entscheidung. Ihre Loyalität können Sie auch an diesem Punkt beweisen."

Diesem Minus-Typ kann es gelingen, bereits auf dem Weg zur Entscheidungsfindung eine destruktive ansteckende Stimmung zu erzeugen. Sie bleiben wachsam und versuchen, ihn immer wieder auszukontern:

- „Ich will von Ihnen nicht hören, weshalb es nicht funktionieren soll. Legen Sie jetzt dar, welche Punkte dafür sprechen."
- „Den Pferdefuß kann jeder entdecken. Das ist wirklich keine Kunst. Von einem Mitarbeiter erwarte ich, dass er konstruktiv und positiv denkt. Also noch einmal: Welche Pluspunkte erkennen Sie?"
- „Betrachten Sie die Kehrseite der Medaille. Welche positiven Seiten können Sie diesem Vorgehen abgewinnen?"
- „Welche konstruktiven Vorschläge können Sie machen?"
- „Gut, ich habe verstanden, dass wir mit vielen Gegenargumenten rechnen müssen. Bitte nennen Sie aber trotzdem drei Argumente, die dieses Vorgehen positiv erscheinen lassen."
- „Okay, das ist Ihre Sicht. Ich sehe das aber anders ..."

Gelegentlich lässt ein Miesmacher seinem Pessimismus freien Lauf, indem er ohne vorherige Reflexion des Themas seine Ablehnung hinausposaunt. Haken Sie sogleich nach und fordern Sie plausible Begründungen, um zu erkennen, ob er sich überhaupt mit der Materie beschäftigt hat:

- „Nennen Sie bitte konkrete Gründe für Ihre ablehnende Haltung."
- „Weshalb glauben Sie, dass das Problem auf die besprochene Art und Weise nicht lösbar ist?"
- „Welche stichhaltigen Gründe stützen Ihre Ablehnung?"

Betrachtet Ihr Mitarbeiter seine Tätigkeit lediglich als Mittel zum Zweck, möglicherweise sogar als Fron oder Maloche, sollte er seine Einstellung überdenken. Er sollte sich zu nichts Abgelehntem zwingen, sondern sich bewusstmachen, dass er seine Arbeit selbst gewählt hat.

Haben Sie den Ehrgeiz, aus einem Energie fressenden Miesmacher eine positiv eingestimmte Inspirationsquelle zu machen, reflektieren Sie bitte die folgenden Überlegungen:

Zu einer Situationsverbesserung kann der Mitarbeiter beitragen, indem er eine Lebensweisheit beherzigt:

LOVE IT, CHANGE IT OR LEAVE IT!

Love it = Lerne die Situation zu lieben und sie zu akzeptieren!

Wir leben regelmäßig nicht in „maßgeschneiderten" Situationen, sodass wir einen seltenen Glücksfall genießen können, wenn wir rundum wirklich perfekte Verhältnisse vorfinden. Weichen einzelne Punkte von unseren Wunschvorstellungen ab, sollten wir uns hierüber nicht ständig ärgern oder dagegen angehen.

Dennoch lamentieren manche Menschen ohne Unterlass über eine tatsächliche oder vermeintliche Unzulänglichkeit, ärgern sich maßlos über den Einzelpunkt und beginnen möglicherweise damit, die Aufgabenerledigung zu boykottieren. Für sie wäre das Leben einfacher, wenn sie das Ungeliebte zumindest akzeptieren, darin enthaltenes Positives erkennen und bereit sind, Kompromisse einzugehen. Bevor sich permanente destruktive Verhaltensweisen verfestigen und eine Verschlechterung der Lebensqualität bewirken, sollten wir einige Fragen beantworten:

- Welche positiven Aspekte sind bei näherer Betrachtung erkennbar?
- Wie kann ich mit der Situation besser umgehen?
- Wie kann ich die Situation für mich besser erträglich machen?

Möglicherweise erkennt der Mitarbeiter die positiven Facetten seiner Tätigkeit eher, sobald er sich zusätzlich den nachfolgenden Fragen stellt:

- Wie würde ein händeringend nach Arbeit suchender Bewerber die Aufgaben einordnen und die Tätigkeit bewerten?
- Wie stellen sich die Aufgaben bei Wechsel der Blickrichtung dar? Stelle ich besser die positiven Aspekte in den Vordergrund, damit es mir leichter fällt, einige „Kröten zu schlucken"?
- Ergeben sich in absehbarer Zeit Aufstiegs- oder Versetzungsmöglichkeiten, sodass die Beschäftigungsdauer mit diesen Aufgaben nur begrenzt ist?
- Sind mit der Art der Aufgaben auch positive Begleiterscheinungen verbunden, die ich als selbstverständlich betrachte und deshalb nicht angemessen würdige?
- Sollte ich in meinem eigenen Interesse das Beste aus der Situation machen?

Change it = Wird die Situation nicht akzeptiert, ist sie zu ändern.

Zunächst wäre zu fragen:

- Was genau soll geändert werden?
- Muss ich mich möglicherweise selbst ändern?
- Welche Vorgehensweise verspricht das beste Ergebnis?
- Welche Hilfen kann ich nutzen?

Danach muss es zu ernsthaften Anstrengungen kommen, um die Situation im eigenen Sinne anders zu gestalten. Immer wieder treffen wir auf völlig demotivierte Mitarbeiter, die es über einen längeren Zeitraum hinweg nicht geschafft haben, mit ihrem Vorgesetzten die Punkte zu erörtern, die ihnen Missvergnügen und Missstimmungen bereiten. Da dem Vorgesetzten ein Feedback über mögliche kritikwürdige Punkte vorenthalten wurde, kommt dieser nicht auf die Idee, etwas an seinem Führungsverhalten zu ändern.

Leave it = Beende die Situation.

Können wir eine missliebige Situation weder lieben/akzeptieren noch verändern, sollten wir sie beenden. Wer will schon für den Rest seines Berufslebens beim morgendlichen

Klingeln des Weckers missgelaunt aufstehen und seine Arbeit frustriert abspulen? Diese Arbeit wird den Menschen immer unglücklicher machen und ihn daran hindern, sein volles Potenzial umzusetzen.

Mit der Beendigung der Situation und dem folgenden Neuanfang kann das Leben einen anderen Lauf nehmen: Mit dem Klingeln des Weckers springt man aus dem Bett und geht erwartungsfroh an die Arbeit. Selbst ein eifriges und konzentriertes Arbeiten fällt überhaupt nicht schwer und die Zeit vergeht wie im Flug. Aus einer Arbeit ist Spaß und Leidenschaft geworden. Schon Konfuzius empfahl:

SUCHE DIR EINE ARBEIT, DIE DIR FREUDE BEREITET,
UND DU MUSST KEINEN TAG DEINES LEBENS ARBEITEN.

Und der mit mehr als hundert Patenten versehene Erfinder Thomas Alva Edison sagte gegen Ende seines Lebens:

ICH ARBEITETE KEINE STUNDE IN MEINEM LEBEN,
ALLES WAR NUR LUST UND FREUDE.

Ob wir gutgelaunt oder missmutig unsere Arbeit ausführen, ist keine Frage des Könnens, sondern eine Frage des Wollens. Als Gegenpol zum Minus-Typen verkneifen Sie sich im Betrieb nicht das Lachen, sondern dienen bei angemessener Phonzahl als offensichtlich gut gelauntes Vorbild. Damit wirken Sie den negativen Statements des vom Schlechte-Laune-Virus infizierten „Ich habe nichts zu lachen“- oder „Mir ist das Lachen vergangen“-Miesepeter entgegen. Dieser kann sich Ihrem Lachen auf Dauer nicht entziehen. Das Lachen baut Stress ab, steigert das Wohlbefinden und fördert körpereigene Heilungskräfte. Es wirkt deeskalierend und hilft, angespannte Situationen zu entkrampfen.

CHRONISCHER ZUSPÄTKOMMER

Für den chronischen Zuspätkommer stellen Termine eher Vorschläge als Verbindlichkeiten dar. Dabei ist ihm nicht bewusst, dass das pünktliche Erscheinen am Arbeitsplatz und das Einhalten der vereinbarten Arbeitszeit zu den arbeitsvertraglichen Nebenpflichten zählen.

Grundsätzlich stellt Unpünktlichkeit eine Verletzung der arbeitsvertraglichen Pflichten dar und kann entsprechend vom Arbeitgeber sanktioniert werden. Denn häufiges Zuspätkommen kann den Betriebsablauf erheblich stören, insbesondere im Verkehrs- und Logistikbereich oder bei Arbeitgebern mit festen Öffnungszeiten und Publikumsverkehr. Die wiederholte Unpünktlichkeit eines abgemahnten Mitarbeiters ist selbst dann ein Grund zur Kündigung, wenn es nicht zu Störungen im Betriebsablauf kommt. In diesem Fall ist die Kündigung allein deshalb erforderlich, um die Disziplin im Betrieb aufrechtzuerhalten. Auch wird der Arbeitsfriede beeinträchtigt, wenn Kollegen immer wieder für einen notorischen Zuspätkommer einspringen müssen.

Will ein Mitarbeiter arbeitsrechtliche Konsequenzen vermeiden, ist er gut beraten, sich an die Empfehlung von William Shakespeare zu halten:

BESSER DREI STUNDEN ZU FRÜH ALS EINE MINUTE ZU SPÄT.

Reaktionsmöglichkeiten

Falls sich das Zuspätkommen häuft, verdeutlichen Sie Ihren Mitarbeitern in einer Besprechung, dass Sie Pünktlichkeit erwarten und es prinzipiell nicht zulassen, dass Mitarbeiter sich großzügig über Arbeitszeitregelungen hinwegsetzen. Würden Sie um des lieben Friedens willen Unpünktlichkeit kaum zur Kenntnis nehmen oder als Kavaliersdelikt betrachten, käme es bald zu einem Automatismus: Was Sie dulden, wird für den Unpünktlichen nach dem Motto „Einmal, zweimal, immer“ bald zur Norm.

Bei Meetings kommt es immer wieder vor, dass bestimmte Mitarbeiter durch permanente Verspätungen Unruhe erzeugen. Es kann nicht ausgeschlossen werden, dass ein durch den Unpünktlichen verursachter verspäteter Beginn zu einem verspäteten Ende der Besprechung führt, was möglicherweise weitere terminliche Schwierigkeiten nach sich zieht. Beginnen Sie damit, auf Nachzügler zu warten, warten Sie immer! Starten Sie aber pünktlich, machen Sie unmissverständlich klar, dass Sie keine Unpünktlichkeit akzeptieren. Zuspätkommer erleiden nicht nur den Schaden, Informationen versäumt zu haben, sondern erfahren auch die Missbilligung der pünktlich erschienenen Teilnehmer.

Vermutlich kamen auch Sie schon einmal durch unvorhergesehene Umstände verspätet an Ihren Arbeitsplatz, ohne dass für Sie schwerwiegende Folgen auftraten. Deshalb werden Sie bei einer seltenen Unpünktlichkeit eines Mitarbeiters keine Konsequenzen ins Auge fassen, sondern mit ihm reden, ihn auf sein Fehlverhalten hinweisen und ihm erklären, dieses bei häufigerem Wiederholen nicht tolerieren zu wollen. Sie machen ihn darauf aufmerksam, dass seine Arbeitsleistung eine Bringschuld ist, die vor Ort pünktlich zu erbringen ist. Wie er dieser Verpflichtung nachkommt, ist seine Sache, denn die Pünktlichkeit kann von ihm beeinflusst und gesteuert werden. Auf dem Weg zur Arbeit trägt er das Wegerisiko, sodass er für eine durch Stau, ein defektes eigenes Fahrzeug, den Ausfall öffentlicher Verkehrsmittel bei einem angekündigten Streik oder schlechte Witterungsverhältnisse begründete Verspätung verantwortlich ist. Das kann zur Kürzung des Arbeitsentgelts oder dem Nacharbeiten der versäumten Zeit führen. Wurde der Mitarbeiter aber in einen Unfall verwickelt, leistete er Erste Hilfe oder wird er durch höhere Gewalt (z. B. bleibt er bei einem plötzlichen und unerwartet einbrechenden Schneesturm im Schneechaos stecken) aufgehalten, kann er nichts für seine unverschuldete Verspätung, die für ihn ohne Konsequenzen bleibt.

Folgen in kürzeren Zeitabständen weitere Verspätungen des Mitarbeiters und wollen Sie noch nicht abmahnen, verdeutlichen Sie ihm in einem Gespräch energisch und eindringlich Ihre Forderung. „Ich erwarte, dass Sie Ihr Verhalten ändern und ab sofort absolut pünktlich sind!“ Streitet der Mitarbeiter seine Unpünktlichkeit ab, sollten Sie konkrete Situationen nennen können, in denen Sie, Mitarbeiter oder sonstige Geschäftspartner auf ihn warten mussten. Sie setzen ihn auch davon in Kenntnis, dass er ab sofort unter Ihrer ständigen Beobachtung steht.

Das Arbeitsverhältnis kann mit einer verhaltensbedingten Kündigung wegen Unpünktlichkeit beendet werden. Wegen der schweren Folgen für den Arbeitnehmer muss der Arbeitgeber jedoch vor seiner Kündigung grundsätzlich abmahnen. Wann Sie wegen Unpünktlichkeit mit Aussicht auf Erfolg abmahnen können, hängt immer vom Einzelfall ab. Auch die Frage, wie viele Abmahnungen vor einer Kündigung angemessen sind, kann nicht eindeutig beantwortet werden, da zunächst folgende Fragen zu beantworten sind:

- Wie häufig kam der Mitarbeiter zu spät?
- Um welche Zeitdauer der Verspätung handelte es sich?
- Aus welchen Gründen kam der Mitarbeiter zu spät?
- Wie viel Zeit ist seit der letzten Abmahnung wegen Unpünktlichkeit verstrichen?

Im Normalfall sollte eine Abmahnung genügen, um Langschläfer aufzurütteln und zu animieren, den Wecker früher zu stellen. Ein Muster für eine Abmahnung findet sich auf Seite 211.

Hält der Mitarbeiter terminliche Pflichten während des Arbeitstags häufig nicht ein, kann dieses Verhalten als Zeichen fehlenden Respekts Ihnen gegenüber gewertet werden. Er glaubt es sich erlauben zu können, dass Sie auf ihn warten, insbesondere, wenn Sie sich seine Verspätungen stillschweigend gefallen lassen. Hier werden Sie dem Mitarbeiter unmissverständlich klare Grenzen aufweisen.

Eine Abmahnung muss exakt dokumentieren, wann es zu welchen Verspätungen des Mitarbeiters gekommen ist. Sie weisen in der Abmahnung darauf hin, dass es sich um eine Verletzung von Arbeitsvertragspflichten handelt und drohen für den Wiederholungsfall bereits die Kündigung an. Ändert sich das abgemahnte Verhalten nicht, ist die Kündigung die logische Folge.

DENUNZIANT

Berichtet ein Mitarbeiter unaufgefordert von Dingen, die ein Kollege von sich gegeben hat? Liegt er Ihnen häufig mit eher indiskreten Einzelheiten über einen Kollegen in den Ohren? Weist er immer wieder auf Fehler eines Kollegen hin?

Nun, zweifellos haben Sie es mit einem Denunzianten zu tun, der einen Kollegen anschwärzen will! Im allgemeinen Sprachgebrauch versteht man unter einem Denunzianten jemanden, der aus niederen Beweggründen eine andere Person anzeigen bzw. in Misskredit bringen will. Wegen seiner niederen – häufig egoistischen – Beweggründe (z. B. Neid, Strebertum, Wichtigtuerei) gilt der Denunziant als unappetitlicher Mitarbeiter – schließlich hinterlässt er bei jeder sich bietenden Gelegenheit eine Schleimspur.

Es gibt immer wieder unangenehme Zeitgenossen, die nicht davor zurückschrecken, sich auf Kosten von Kollegen positiv in Szene zu setzen und diese schlecht aussehen zu lassen. Deshalb hüten Sie sich vor Anschuldigungen und Zuträgereien von Dritten („Chef, ich weiß etwas …"). Schenken Sie einem Denunzianten Gehör, weiß niemand mehr, wem er vertrauen kann. Das Arbeitsklima würde sich verschlechtern, denn die Mitarbeiter würden jedes Wort sorgfältig abwägen aus Angst, alles könnte Ihnen von Spitzeln überbracht werden. Unweigerlich würde Misstrauen entstehen. Von August Heinrich Hoffmann von Fallersleben stammt der bekannte Spruch:

DER GRÖSSTE LUMP IM GANZEN LAND, DAS IST UND BLEIBT DER DENUNZIANT!

Bezieht sich eine Information allerdings auf einen das Unternehmen schädigenden Tatbestand (z. B. hat der Meldende einen Kollegen bei einem Diebstahl am Firmeneigentum beobachtet), ist dieser Vorgang nicht als Denunziation zu bewerten, sondern als moralische Verpflichtung. Für die unterschiedliche Betrachtungsweise ist entscheidend, ob der Meldende aus persönlichen niederen Motiven handelt oder die Interessen seines Arbeitgebers bei klaren gravierenden Verfehlungen wahren oder erkennbare Bedrohungen verhindern will.

Um nicht in den Verdacht zu geraten, Kollegen zu denunzieren, muss der Meldende konkrete Sachverhalte nennen und von allgemeinen Beschuldigungen („Immer wieder liefert er seine Beiträge nicht rechtzeitig") Abstand nehmen.

Reaktionsmöglichkeiten

Sie können nie wissen, ob Sie vom Denunzianten mit frisierten Informationen für seine Zwecke eingespannt werden sollen. Deshalb sollten Sie stets im Hinterkopf behalten, dass alles, was Ihnen über andere Mitarbeiter berichtet wird, ebenso falsch sein kann wie die Person, die es Ihnen erzählt!

Deshalb sollte für Sie immer der Grundsatz gelten, sich möglichst nur auf eigene Feststellungen/Beobachtungen zu verlassen („Mir ist aufgefallen …“, „Ich habe festgestellt …“) und sich hieraus eine eigene Meinung zu bilden. Dafür wird der Denunziant von Ihnen abgewiesen:

- „Bevor Sie mich informieren, haben Sie diese Angelegenheit schon kollegial mit Frau X besprochen?“
- „Darüber möchte ich nichts wissen. Ich ziehe es vor, mir selbst ein Bild zu machen.“
- „Ich möchte nicht, dass hinter dem Rücken eines Mitarbeiters oder hinter vorgehaltener Hand Informationen weitergegeben werden, die einen Mitarbeiter an den Pranger stellen und eine Verschlechterung des Arbeitsklimas auslösen. Sie wären sicherlich auch nicht froh, wenn Kollegen mich mit internen Informationen über Sie versorgen würden. Sind wir uns darin einig?“
- „Mir gefällt es nicht, wenn über Herrn X Gerüchte verbreitet werden. Wollen wir jetzt zusammen zu Herrn X gehen und die Lage klären?“
- „Ich fühle mich nicht wohl, auf diese Weise über Herrn X zu sprechen. Er ist nicht hier, um uns seine Seite der Geschichte zu erzählen. Und das ist mir auch zu ernst, als dass wir Spekulationen anstellen.“
- „Ich betrachte es als einen Verstoß gegen die Betriebsmoral, hinter dem Rücken eines Kollegen schlecht über ihn zu reden.“

DESTRUKTIVER OPPOSITIONELLER

Jede in zivilisiertem Ton vorgetragene konstruktive Kritik betrachten Sie als Geschenk. Sie bestimmen, was mit diesem Geschenk geschieht: Wegwerfen (nicht akzeptieren), es erst einmal wegstellen (in Ruhe darüber nachdenken, überprüfen) oder sich darüber freuen (Verhaltensänderung praktizieren). Grundsätzlich betrachten Sie den kritisierenden Mitarbeiter nicht negativ, sondern überlegen, ob der Mitarbeiter Ihnen mit seiner Kritik nicht unentgeltliche Verbesserungsvorschläge frei Haus liefert. Als Advocatus Diaboli bremst er blinden Aktionismus und hilft, Fehler zu vermeiden. Bedenken Sie: Kritische Mitarbeiterworte sind Rückmeldungen, die Ihnen helfen können, zu lernen, zu wachsen, anzuspornen. Sie werden davor bewahrt, die Bodenhaftung zu verlieren und Fehlentwicklungen zu übersehen. Demzufolge stimmen Sie vermutlich dem Stammvater moderner Pädagogik Johann Heinrich Pestalozzi zu:

ICH FÜRCHTE KEINE OPPOSITION, DIE VON EINEM REDLICHEN MANNE HERKOMMT.

In den folgenden Überlegungen steht der destruktive, konträre Oppositionelle im Fokus, dem es als permanenter Unruheherd nur darauf ankommt, als Querulant Aufmerksamkeit zu erzeugen. Egal, was Sie sagen oder tun: Nichts findet vor den in höchstem Maße kritischen Augen Ihres Widersachers Gnade. Selbst neue, interessante, auch in die Richtung des Oppositionellen weisende Lösungen werden von ihm angegriffen, wobei für ihn der sachliche Kern seiner Gegendarstellung nicht im Vordergrund stehen muss. Auf ihn trifft eine Erkenntnis zu: Wer positiv eingestimmt ist, findet Wege. – Wer etwas nicht will, findet hundert Gründe und Ausreden. So investiert er alle Energie, Ihnen bei jeder Gelegenheit das Leben schwerzumachen. Damit stört er nicht nur den Betriebsfrieden, sondern auch massiv Ihren Seelenfrieden.

Widerspricht der Kontrahent in Gegenwart Dritter und Sie setzen sich zur Wehr, ist ein Zweikampf auf offener Bühne vorstellbar. Unabhängig vom Ausgang kann dabei Ihre Autorität Schaden nehmen.

Reaktionsmöglichkeiten

Verfolgt der destruktive, konträre Oppositionelle erkennbar das Ziel, Ihnen das Wasser abzugraben, sprechen Sie ihn unter Nennung entsprechender Beobachtungen an und fordern ihn auf, sein illoyales Verhalten einzustellen. Stellt sich die erhoffte Verhaltensänderung anschließend nicht ein, gibt es nur eine Lösung: Trennung.

Selbst wenn der Oppositionelle vorzügliche Arbeitsergebnisse liefert, führt an einer Trennung kein Weg vorbei (siehe → Spezialist mit Diva-Allüren). Sie ziehen einen Schlussstrich, bevor Sie unter der belastenden Situation zu leiden beginnen – selbst wenn diese Konsequenz mit unangenehmen Begleiterscheinungen (z. B. vorübergehend unbesetzter Arbeitsplatz, daraus resultierend eigene Mehrarbeit, Einarbeitung eines neuen Mitarbeiters) verbunden ist. Damit folgen Sie einer Volksweisheit:

LIEBER EIN ENDE MIT SCHRECKEN ALS EIN SCHRECKEN OHNE ENDE!

Das Ausscheiden eines destruktiven Kritikers werden Sie verschmerzen. Die Schriftstellerin Ida Gräfin von Hahn-Hahn befand:

WER AUS DER OPPOSITION UND NEGATION NICHT HERAUSKOMMT UND SICH NUR DARIN AUSZEICHNET, IST EIN GANZ UNTERGEORDNETES TALENT.

Und auf dieses untergeordnete Talent können Sie vermutlich verzichten.

DIEB

Eine repräsentative Umfrage der Gesellschaft für Konsumforschung im Frühjahr 2015 zum Thema „Diebstahl am Arbeitsplatz" ergab, dass sich etwa jeder vierte Deutsche unrechtmäßig am Eigentum seines Arbeitgebers bedient. Vor allem im Handel kommt Diebstahl durch eigene Mitarbeiter häufig vor. Die Schäden gehen in die Milliarden. Die Wirtschaftsprüfungsgesellschaft KPMG schätzt, dass allein deutschen Firmen mit mehr als 50 Mitarbeitern im Verlauf von zwei Jahren Schäden in Höhe von rund 7 Milliarden Euro durch Diebstahls- und Unterschlagungsdelikte entstanden sind. Dabei stehen Büromaterialien ganz oben auf der Liste der „Mitnahmeartikel". Selbst die Mitnahme von Müll oder abgeschriebenen Gegenständen ohne betriebliche Zustimmung gilt als Diebstahl. Vielen Berufstätigen ist nicht bewusst, dass selbst das Kopieren von Unterlagen in der Firma für den privaten Gebrauch ein Diebstahlsdelikt darstellt, denn hierbei handelt er sich um eine rechtswidrige Aneignung von firmeneigenen Materialien (Papier und Toner). Liegt kein stillschweigendes oder ausdrückliches Einverständnis des Arbeitgebers vor, kann die Nutzung des Stromanschlusses am Arbeitsplatz für das Handy oder eigene Elektrogeräte als strafbarer Stromdiebstahl betrachtet werden. Auch das heimliche Naschen vom Kundenbuffet erscheint wie ein harmloses Kavaliersdelikt, stellt sich juristisch betrachtet jedoch als Verletzung der arbeitsvertraglichen Verpflichtungen heraus, die sehr unliebsame Konsequenzen für den Arbeitnehmer nach sich ziehen kann.

Die Rechtsprechung schützt die Eigentums- und Vermögensrechte des Arbeitgebers in besonderem Maße, selbst wenn Gegenstände von geringem Wert entwendet werden. Im Strafrecht können Verfahren wegen Diebstahls von geringwertigen Sachen wegen Geringfügigkeit eingestellt werden. Da es im Arbeitsrecht keine vergleichbare Handhabung gibt, kann selbst entwendetes Briefpapier von geringem Wert den Arbeitsplatz kosten.

Ein Arbeitsverhältnis kann aus wichtigem Grund ohne Einhaltung einer Kündigungsfrist gekündigt werden, wenn Tatsachen vorliegen, aufgrund derer dem Arbeitgeber unter Berücksichtigung aller Umstände des Einzelfalls und unter Abwägung der Interessen beider Vertragsteile die Fortsetzung des Arbeitsverhältnisses bis zum Ablauf der Kündigungsfrist nicht zugemutet werden kann. Die fristlose Kündigung ist die härteste Konsequenz aus einem Diebstahl. Diese strengen Rechtsfolgen sollen vor allem der Nachahmungsgefahr durch andere Mitarbeiter einen Riegel vorschieben.

Manchmal ist eine Abmahnung die geeignetere Wahl. Nicht immer stellt ein Diebstahl einen gravierenden Verstoß dar, durch den der Firma ein schwerer Schaden zugefügt wurde. Eine Abmahnung ist angezeigt, wenn

- es sich um einen Diebstahl im Bagatellbereich handelt (allerdings gibt es juristisch betrachtet keine Wertgrenze),
- der Arbeitnehmer schon viele Jahre im Unternehmen arbeitet und es bisher keine wesentlichen Beanstandungen gab oder
- der Diebstahl als einmaliger Verstoß gewertet wird.

Wurde der Bagatellbereich verlassen und dem Arbeitgeber ein deutlicher Schaden zugefügt, droht auch langjährigen Mitarbeitern eine außerordentliche Kündigung.

Bewegt sich der Diebstahl im Bagatellbereich, akzeptiert der Arbeitgeber bei kleineren Selbstbedienungen die Entschuldigungen des Mitarbeiters und belässt es bei mahnenden Worten. Eventuell legt er auch einen vom Mitarbeiter gegengezeichneten Aktenvermerk an.

Reaktionsmöglichkeiten

Denken Sie zunächst an Ihre ständige Aufgabe, das Betriebsklima zu verbessern. Es ist erwiesen: Zufriedene Mitarbeiter sind ihrem Arbeitgeber gegenüber loyaler und die Hemmschwelle steigt, sich am Eigentum des Unternehmens zu vergreifen. Dennoch werden sich Diebstähle dauerhaft kaum eliminieren lassen.

Durch Diebstähle von Mitarbeitern entstehen Unternehmen erhebliche wirtschaftliche Schäden. Unter Umständen kann der Betriebsablauf gestört und im Extremfall lahmgelegt werden. Deshalb sollten Sie vorbeugend aktiv werden. Eine Betriebsversammlung oder Mitarbeiterbesprechung bietet sich an, folgende Hinweise zu geben und auf Konsequenzen aufmerksam zu machen:

- Bestiehlt ein Mitarbeiter seinen Arbeitgeber, kann das für den Langfinger ernsthafte Folgen haben, die selbst bei Bagatell-Diebstählen in einer Kündigung gipfeln können.
- Für eine außerordentliche Kündigung genügt es bereits, wenn gewichtige Anhaltspunkte dafür sprechen, dass der Mitarbeiter mit Wahrscheinlichkeit den Diebstahl begangen hat. Dieser dringende Tatverdacht kann eine Verdachtskündigung rechtfertigen und die sonst übliche Unschuldsvermutung zurücktreten lassen.
- Entlarven Mitarbeiter einen Kollegen als Dieb, sollten sie den Dieb nicht aus falsch verstandener Solidarität decken, sondern Ihnen einen Hinweis geben, eventuell in anonymer Form. Denn kommt es nach unterlassener Information zu wiederholten Diebstählen, riskieren Kollegen selbst arbeitsrechtliche Konsequenzen. Wird in großem Stil gestohlen, ist es zwingend, dem Unternehmen den Diebstahl zu melden.
- Mitarbeiter sollten auf ihre in die Firma mitgebrachten Wertgegenstände sorgfältig achten, denn es ist anzunehmen, dass derjenige, der keine Skrupel hat, seinen Arbeitgeber zu bestehlen, möglicherweise auch keine Gewissensbisse hat, Kollegen etwas zu entwenden. Schon der Volksmund erkannte:

GELEGENHEIT MACHT DIEBE!

Wird ein Mitarbeiter im Betrieb von Betriebsangehörigen oder Betriebsfremden bestohlen, haftet der Arbeitgeber im Rahmen seiner Fürsorgepflicht, wenn er keine Verwahrungsmöglichkeiten zur Verfügung gestellt hat. Allerdings müssen die gestohlenen Gegenstände mittelbar oder unmittelbar für die Arbeit benötigt werden (z. B. Werkzeuge, gewechselte Kleidung, Schlüssel).

Wollen Sie mithilfe einer verdeckten Videoüberwachung am Arbeitsplatz einen Mitarbeiter als Dieb überführen, ist dies wegen des damit verbundenen Eingriffs in das allgemeine Persönlichkeitsrecht nur unter bestimmten, ganz engen Voraussetzungen zulässig:

- Die Videoüberwachung richtet sich gegen einen konkreten Arbeitnehmer
- aufgrund konkreter Tatsachen,
- wobei ein dringender Verdacht besteht,
- dass er Straftaten am Arbeitsplatz begeht und
- sich dieser Verdacht nicht anders aufklären lässt.

In jedem Fall sollten Sie die Expertise eines fachkundigen Juristen einholen.

DRÜCKEBERGER

In einer Ausnahmesituation (z. B. plötzliche Erkrankung von Mitarbeitern, nach einem Arbeitskampf, drohende Konventionalstrafe durch nicht vorhersehbare Umstände) muss das normalübliche Arbeitspensum ausgeweitet werden. Oder es sollen neue Aufgaben einem Arbeitsplatz zugeordnet werden. Plötzlich erforderlich werdende Mehrarbeit/Überstunden sind zu übertragen …

Sind jetzt alle Mitarbeiter bereit, in die Hände zu spucken und die Ärmel hochzukrempeln? Nun, bei diesen Gelegenheiten outen sich manche Mitarbeiter als Drückeberger, bei denen plötzlich andere wichtige Aufgaben Vorrang genießen, die schon längst hätten erledigt werden müssen. Vielleicht praktizieren sie auch die Pseudo-Burnout-Strategie, um sich elegant zu drücken. Eventuell werden nun drängende häusliche Probleme in den Vordergrund gerückt, um keine zusätzliche Minute über die normale Arbeitszeit hinaus für die Arbeit investieren zu müssen.

Die Gefahr ist groß, zusätzliche Aufgaben an Mitarbeiter zu übertragen, die stets widerspruchslos jede Arbeit annehmen, wenn Sie darum bitten. Entweder sind sie sehr fleißig, wollen ihren guten Eindruck nicht schmälern oder besitzen nicht den nötigen Mut, um Aufgaben abzulehnen.

Es wäre fatal, diesen bereitwilligen Mitarbeiter zu „bestrafen“, indem Sie ihn immer wieder mit zusätzlicher Arbeit eindecken, während der Drückeberger seinen Ehrgeiz darauf richtet, sich geschmeidig wegzuducken, um allen Überstunden und jeglicher Mehrarbeit aus dem Weg zu gehen.

Nur in besonderen Härtefällen (z. B. Schwerbehinderung, soeben begonnene Einarbeitungszeit bei neuen Mitarbeitern, von allen Mitarbeitern erkennbare Überlastung) wäre eine Nichtbeteiligung an zusätzlicher Arbeit gerechtfertigt.

Der Drückeberger darf sich mit seiner destruktiven Haltung nicht ungeschoren durchsetzen. Würde er weiterhin zusätzliche Arbeit ablehnen, wäre es nachvollziehbar, wenn die gutwilligen Mitarbeiter ihren verstärkten Einsatz reduzieren würden („Wenn der Kollege Zurückhaltung üben darf, warum soll ich dann Mehrarbeit leisten? Der Kollege ist doch nichts Besseres! Weshalb soll ich mich verausgaben, wenn sich der Kollege einen faulen Lenz macht?“). Auch würde Ihre Autorität Schaden nehmen, wenn es dem Drückeberger gelänge, sich gegen Sie zu behaupten.

Reaktionsmöglichkeiten

Damit sich die Aussage „Die arbeiten, sind immer die gleichen, die in der Sonne liegen, auch" unter Ihren Mitarbeitern nicht bewahrheitet, sorgen Sie dafür, dass sich der Drückeberger angemessen an der Mehrarbeit beteiligt. Im Falle der Vertretung eines länger erkrankten Kollegen könnte nach der ablehnenden Haltung des Drückebergers wie folgt argumentiert werden:

> *Beispiel:*
> „Ich merke, dass es Ihnen nicht gefällt, sich an dieser Vertretungssituation zu beteiligen. Aber es hilft nichts, Sie müssen mitmachen. Sie gehören zum Team, was auch so bleiben muss. Ich will und kann es nicht zulassen, dass Sie sich in dieser besonderen Situation, in der es auf das Engagement eines jeden Mitarbeiters ankommt, verweigern. Sonst würden Sie ganz schnell von den Kollegen abgelehnt und zum Aggressionsobjekt werden. Und meine Einschätzung Ihres Leistungsverhaltens – das können Sie sich vermutlich denken – wäre auch nicht die beste. Alle beteiligen sich, da gibt es keine Ausnahme. Bitte übernehmen Sie jetzt für die Dauer der Abwesenheit des Kollegen zusätzlich die Kunden ..."

Will der Mitarbeiter immer noch nicht klein beigeben, bringen Sie die Situation auf den Punkt: „Herr ..., so kommen wir nicht weiter. Beantworten Sie mir bitte eine Frage und überlegen Sie sich Ihre Antwort gut: Kann ich mit Ihnen rechnen?/Kann ich auf Sie zählen?"

Jetzt wird hoffentlich jedem Mitarbeiter bewusst, dass allein er es nun in der Hand hat, wie sich die künftige Zusammenarbeit gestalten wird. Schließlich verlangt der Vorgesetzte als Arbeitgebervertreter im Rahmen seines Weisungsrechts nichts Unzulässiges von dem Mitarbeiter, sodass nach dessen Arbeitsverweigerung grundsätzlich eine Abmahnung ausgesprochen werden kann.

ENTSCHEIDUNGSSCHWACHER/ZAUDERER

Ein entscheidungsschwacher Mitarbeiter muss eine Entscheidung treffen. Was geschieht? Zunächst nichts, denn der Mitarbeiter tut sich schwer, sich zu entscheiden. Wer kennt nicht die in Glossen, Comics und Witzen charakterisierten entscheidungsschwachen Menschen, die sich einen bekannten Ausspruch von Karl Valentin auf die Fahne geheftet haben:

MÖGEN HÄTT' ICH SCHON WOLLEN,
ABER DÜRFEN HAB ICH MICH NICHT GETRAUT!

Mit dem Hinausschieben von Entscheidungen rauben sich diese langsamen Brüter nicht nur selbst Energie, sondern bereiten sich zusätzlich noch schlaflose Nächte. Es mag im Einzelfall richtig sein, eine Entscheidung überschlafen zu wollen. Der Ratschlag: „Am besten, Sie schlafen eine Nacht darüber. Am nächsten Morgen sieht die Welt ganz anders aus", wird vom Zauderer gern akzeptiert. Wer allerdings das Hinausschieben übertreibt, hat möglicherweise mit Alpträumen zu kämpfen und verschläft gar die Entscheidung. Hinzu kommt, dass diese ewigen Grübler durch ihre Entscheidungsschwäche die Arbeit behindern, denn nichts geht richtig voran.

Bisweilen blockieren Entscheidungsschwache mit immer neuen Einwänden, Blickwinkeln und Gedankenschleifen ein baldiges Ergebnis. Während Außenstehende zunächst ein sorgfältiges Abwägen aller Möglichkeiten zu erkennen glauben, kommt diese Vorgehensweise einer verbrämten Entscheidungssabotage gleich. Wird dann endlich – nach einer längeren Phase des Stillstands, nach vielem Grübeln und unter großen Bauchschmerzen – eine Entscheidung getroffen, kann es passieren, dass der Zug schon längst abgefahren ist. Und damit ist auch die Chance vertan, initiativ zu werden, einen Schritt voraus zu sein und selbst die Nase vorn zu haben. So geht die Kontrolle über einen Teil des Lebens verloren.

Als Hinderungsgründe für zeitnahe Entscheidungen kommen in Betracht:

- Uns ist nicht bewusst, welches genaue Ziel erreicht werden soll.
- Wir ängstigen uns vor den Konsequenzen, die unserer Entscheidung folgen würden.
- Es verfestigt sich der Eindruck, nicht genügend Informationen zu besitzen.
- Andererseits kann ein Zuviel an Informationen dazu führen, dass sich der Entscheider überfordert fühlt und den Überblick verliert.
- Angst vor der Verantwortung, vor der man nach einer getroffenen Entscheidung nicht mehr weglaufen kann.

- Angst, mit unserer Entscheidung andere Personen zu frustrieren.
- Ein wenig ausgeprägtes Selbstvertrauen lässt uns zurückschrecken.
- Wir fürchten, später erkennbare Optionen könnten unsere Entscheidung relativieren.
- Der Wunsch nach einer perfekten und nicht angreifbaren Entscheidung.

Was ist aber der vorrangige Grund für Entscheidungsschwäche? Da jede Entscheidung in die Zukunft wirkt und von daher immer mit einem Risikofaktor behaftet ist, werden Entscheidungen nicht oder nur sehr zögerlich getroffen. Eine Garantie, das Richtige zu entscheiden, gibt es nicht. Genauso wenig wie die Gewissheit, dass nur eine einzige perfekte Lösung existiert. Entscheidungen zu treffen bedeutet auch, häufig zu experimentieren, was Fehlentscheidungen zur Folge haben kann. Charles de Gaulle bemerkte:

ES IST BESSER, UNVOLLSTÄNDIGE ENTSCHEIDUNGEN DURCHZUFÜHREN, ALS STÄNDIG NACH VOLLKOMMENEN ENTSCHEIDUNGEN ZU SUCHEN, DIE ES NIEMALS GEBEN WIRD.

Wer jede Entscheidung zu schwer nimmt, kommt zu keiner Entscheidung! Gehen Menschen Entscheidungen aus dem Weg, laden sie sich zusätzliche Schwierigkeiten auf. Vielfach gilt: Große Probleme waren einmal kleine Probleme, die nicht rechtzeitig angepackt, nicht ernst genommen und beiseitegeschoben oder verdrängt wurden. Spätestens dieser Gesichtspunkt sollte Zauderer animieren, schneller (aber nicht voreiliger) und häufiger zu entscheiden. Hier hilft das Festlegen und Einhalten eindeutiger Deadlines, bis zu denen eine Entscheidung getroffen werden muss.

Sicherlich wäre es sträflich, Entscheidungen Hals über Kopf zu treffen und als entscheidungswütiger Psychopath für ständige Aufregung und Ärgernisse zu sorgen. Der Entscheider steht in der Pflicht, auf der Grundlage vorliegender Sachinformationen verschiedene Alternativen zu erarbeiten sowie mögliche Risiken und Konsequenzen zu bedenken. Dabei wird eine Entscheidung umso leichter fallen, je geringer das Ausmaß an Unsicherheit ist. Oder anders herum: Eine Entscheidung fällt umso schwerer, je weniger relevante Informationen vorliegen und ausgewertet werden können. Deshalb kann es sehr sinnvoll sein, das Potenzial anderer Personen einzubeziehen und für die Entscheidung das Laserstrahl-Prinzip zu nutzen: Bündelung der Energien!

Will eine Person im stillen Kämmerlein alles allein entscheiden, wäre die Gefahr sehr groß, wichtige Details oder Konsequenzen zu übersehen. So macht es Sinn, Fachleute als Sparringspartner und Lieferanten von Gedanken, Argumenten, Einwänden und Ideen einzubeziehen. Im Volksmund heißt es mit gutem Recht:

VIER AUGEN SEHEN MEHR ALS ZWEI.
ODER: KEINER WEISS SO VIEL WIE WIR ALLE ZUSAMMEN.

Dieses Vorgehen bedeutet aber nicht, alle Beteiligten mitentscheiden zu lassen. Auch hier gibt der Volksmund den gutgemeinten Rat:

VIELE KÖCHE VERDERBEN DEN BREI.

Können mehrere Personen gleichberechtigt entscheiden, ist zumeist ein konturloser und weichgekochter Einheitsbrei zu erwarten.

Welche Ergebnisse lassen sich nach getroffener Entscheidung feststellen?

Erweist sich die Entscheidung in der rückblickenden Bewertung als richtig, wird dieses Erfolgserlebnis den Entscheider motivieren, seine Entscheidungsschwäche abzubauen. Erweist sie sich später jedoch als falsch oder fehlerhaft, mag das im ersten Moment ärgerlich sein. Dennoch geht die Welt nicht unter, sodass der Fauxpas gelassen hingenommen werden sollte. Diese auf den ersten Blick negative Situation enthält einen positiven Aspekt: Immerhin kann der Entscheider aus diesem Dilemma lernen und den erkannten Fehler künftig vermeiden. Auch sollte bedacht werden, dass sich die eine oder andere Fehlentscheidung nachträglich noch revidieren lässt.

Beide Varianten sind stets besser, als zu versuchen, sich vor Entscheidungen zu drücken. Diese Methode kann nicht gelingen, wie es der amerikanische Psychologe William James auf den Punkt brachte:

WENN DU EINE ENTSCHEIDUNG TREFFEN MUSST
UND DU TRIFFST SIE NICHT, IST DAS AUCH EINE ENTSCHEIDUNG.

Mit anderen Worten: Drückt sich jemand vor einer Entscheidung, entscheiden andere Menschen! In diesem Fall sind dem Entscheidungsvermeider oder -verweigerer Einflussmöglichkeiten entzogen und er muss sich mit Entscheidungen arrangieren, die über seinen Kopf hinweg getroffen wurden und eher selten seine Vorstellungen berücksichtigen.

Wir müssen damit leben, dass unsere Entscheidungen zu einem späteren Zeitpunkt kritisch gewürdigt werden. Kritiker haben schließlich ein leichtes Spiel: Sie können die früher getroffene Entscheidung mit der Realität abgleichen und dann lauthals über zweifel- oder fehlerhafte Entscheidungen lamentieren. Nach Dwight D. Eisenhower ist die spätere Jagd nach Sündenböcken von allen Jagdarten die einfachste.

Demgegenüber bedarf es Mut, ein Risiko auf sich zu nehmen und eine in die Zukunft weisende Entscheidung mit dem Wissen der Gegenwart zügig zu treffen.

Reaktionsmöglichkeiten

Indem Sie den entscheidungsschwachen Mitarbeiter animieren, den Entscheidungsprozess systematisch zu betreiben, geben Sie ihm Sicherheit, auf dem richtigen Weg zu sein.

Entscheidungsprozesse strukturieren

1. Problemanalyse
   - Was ist das Problemfeld?
   - Wer ist daran beteiligt?
   - Welche Interessen verfolgen die Beteiligten?
   - Gibt es Interessenkonflikte?
   - Wie kam es zu dem Problem?

- Was ist vorgefallen?
- Wo passierte es?
- Wann ereignete es sich?
- Welches Ausmaß liegt vor?

2. **Zielformulierung**
   - Welche Ziele sollen angesteuert werden?
   - Welcher Zielerreichungsgrad soll angestrebt werden?
   - Welche Zielhorizonte lassen sich formulieren?
3. **Handlungsalternativen**
   - Was kann sonst noch getan werden?
   - Welche Lösungsmöglichkeiten gibt es generell?
4. **Bewertungsphase**
   - Welche ist die beste Lösung?
   - Welche Auswirkungen hat sie?
   - Stellen sich negative Folgen ein?
   - Wie ist der Ressourcenverbrauch?
   - Wie sieht die Zielerreichung aus?
5. **Entscheidung und Umsetzung**
   - Wie sieht die eigentliche Entscheidung aus?
   - Wie soll nach konkreter Entscheidung vorgegangen werden?
   - Welche Handlungsprogramme oder Aktionspläne sollen realisiert werden?
   - Welcher Zeithorizont ist einzuplanen?
6. **Ergebnis**
   - Wurde das Ziel erreicht?
   - Ist eine Prozessanalyse erforderlich (spätere Untersuchung über die Funktionsfähigkeit der Entscheidung und die Einhaltung getroffener Absprachen)?
   - Sind Korrekturen erforderlich, wenn bestimmte Situationen falsch eingeschätzt wurden?

Diese Vorgehensweise stellt sicher, dass eine Entscheidung nicht nur aus dem Bauch heraus getroffen wird. Dennoch: Viele Spontanentscheidungen werden unbewusst nach dem Gefühl getroffen und zeigen kaum schlechtere Ergebnisse als rational erarbeitete Entscheidungen, die regelmäßig sehr viel mehr Zeit beanspruchen. Emotionale Einflüsse sollten als Frühwarnsystem betrachtet werden, ohne sich an ihnen festzubeißen.

Ob sich der Mitarbeiter unterschiedlicher Entscheidungstechniken (z. B. Entscheidungsbaum, Pro-Contra-Liste, Entscheidungsmatrix, Entscheidungs-Mindmap) bedient, bleibt ihm überlassen. Sie wirken auf ihn ein, für seinen Bereich zeitnahe Entscheidungen zu treffen. Für die Entscheidungsqualität sollten einige Forschungsergebnisse herangezogen werden:

- In positiver Stimmung fallen Entscheidungen großzügiger aus.
- In negativer Stimmung werden Sachverhalte klarer gesehen.
- Morgens werden bessere Entscheidungen getroffen.
- Eine dunkle Umgebung fördert rationale Entscheidungen.
- Stehende Menschen entscheiden besser.
- Die Wahrscheinlichkeit ist groß, sich für Bekanntes zu entscheiden.
- Bei Schlafmangel wird langsamer und schlechter entschieden und das Risiko für Fehlentscheidungen gesteigert.

Mit jeder baldigen Entscheidung trainiert der Mitarbeiter seinen persönlichen „Entscheidungsmuskel" und gewinnt weitere Erfahrungen, sodass seine Entscheidungsschwäche bald der Vergangenheit angehört.

FAULPELZ

Niemand kann sich vollkommen von Faulheit freisprechen. An manchen Tagen würde man am liebsten dem süßen Nichtstun frönen und sich eine wohlverdiente Erholung von den Arbeitszwängen gönnen. Jedoch schreckt der Gedanke ab, aufgrund einer Null-Bock-Stimmung und hieraus resultierender Tatenlosigkeit in Schwierigkeiten zu geraten, sodass Phasen von Faulheit bei den meisten Mitarbeitern eher begrenzt sind.

Je mehr Mitarbeiter in einem Unternehmen tätig sind, umso besser kann sich ein Faulpelz von fleißiger Arbeit abnabeln. Dann kann im Extremfall die Frage: „Wie viele Mitarbeiter arbeiten in Ihrem Betrieb?“ mit „Knapp die Hälfte“ zutreffend beantwortet werden. In einem Kleinunternehmen würde das unzureichende Leistungsverhalten von Faulpelzen schnell auffliegen und disziplinarische Schritte des Arbeitgebers auslösen.

Reaktionsmöglichkeiten

Sticht in einem Team die eigene Leistung nicht besonders ins Auge, strengen sich manche Mitarbeiter weniger an und lassen lieber den Kollegen bei der Aufgabenerledigung den Vortritt (Phänomen des „sozialen Faulenzens“). Schnell erkennen die arbeitsamen Kollegen, dass nicht alle ihren Beitrag leisten und an einem Strang ziehen. Um sich nicht ausgebeutet zu fühlen und der „Depp“ für andere zu sein, reduzieren ursprünglich engagierte Mitarbeiter ihre Anstrengungen und nehmen eine schlechtere Teamleistung in Kauf. Als Führungskraft erkennen Sie diese Gefahr und treten ihr sogleich entgegen.

Identifizierten Sie einen im Energiesparmodus befindlichen Faulenzer, führen Sie mit ihm ein Kritikgespräch (vgl. Seite 194), in dem sein nicht hinnehmbares Verhalten angesprochen wird. Dabei stützen Sie sich bei der Sachverhaltsklärung auf eigene konkrete Beobachtungen und mahnen eine zeitnahe qualitativ und quantitativ zufriedenstellende Aufgabenerledigung an. Mit allgemeinen Zusagen des Mitarbeiters, künftig engagiert zu Werke zu gehen, werden Sie sich nicht begnügen, sondern Ihre künftige Unterstützung/Begleitung sowie verstärkte Kontrolle darstellen. Möglicherweise terminieren Sie gemeinsam mit dem Mitarbeiter ausnahmslos jeden Arbeitsauftrag und überwachen akribisch die Erledigung. Im Extremfall fordern Sie den Mitarbeiter auf, kurz vor Feierabend das während des Arbeitstags Geleistete nachzuweisen.

Weil es in Deutschland kein Recht auf Leistungszurückhaltung, Drückebergerei oder Faulheit gibt, darf sich der „geringfügig Arbeitende“ nicht wundern, wenn Sie mit Nachdruck auf einer vollen Arbeitsleistung bestehen. Keinem Mitarbeiter darf es gelingen, sich mit minimalem Aufwand zum Leidwesen der Firma und der Kolleginnen und Kollegen durch den Arbeitstag zu mogeln.

Besondere Formen der Faulenzerei sind bei → Boreout-Infizierter und → Pseudo-Burnout Stratege beschrieben.

FLUCHER

Der Gebrauch von Flüchen, Schimpfwörtern, Kraftausdrücken und obszönen Ausdrücken verstößt gegen die Höflichkeitsstandards zivilisierter Menschen. Diese ordinären, derben, sexistischen, vulgären Ausdrücke verletzen das Schamgefühl oder den guten Geschmack der meisten Mitbürger. Auch wenn mit ihnen Erstaunen, Ärger oder Wut geäußert wird, wirkt es auf Umstehende peinlich, wenn jemand seine Beherrschung verliert und auf seine schlechte bis fehlende Kinderstube verweist.

Mancher Flucher setzt bewusst derartige Unflätigkeiten ein, in der Absicht, andere Menschen einzuschüchtern, zu diskriminieren, zu verhöhnen oder zu beleidigen.

Die zwischenmenschliche Atmosphäre wird durch die Verwendung von Fäkalausdrücken stark belastet. Unser Körper reagiert auf diese psychischen Angriffe mit flacher Atmung, Beschleunigung des Pulses und Veränderung der elektrischen Leitfähigkeit der Haut. Auch wenn uns diese peinigenden Worte nicht gefallen, gehören sie nun einmal in unseren Alltag. Die positive Seite des Fluchens besteht darin, dass es in belastenden Situationen zur Stressbewältigung beiträgt und wie ein reinigendes Gewitter wirken kann. Denken Sie auch an Menschen, die normalerweise kaum fluchen, sich hinter dem Steuer ihres Autos aber kaum noch mit dem Schimpfen auf andere Verkehrsteilnehmer bremsen können.

Allerdings sollte jeder Berufstätige am Arbeitsplatz nur unter Ausschluss der Öffentlichkeit im stillen Kämmerchen für sich fluchen. Verhält sich ein Mitarbeiter unangemessen gegenüber Vorgesetzten, Kollegen oder Kunden und zeigt er dabei ein respektloses oder aggressives Verhalten, kann dieses Fehlverhalten abgemahnt werden und im Wiederholungsfall zum Verlust des Arbeitsplatzes führen. Zur Vermeidung dieser Sanktionen verwenden Flucher eher harmlose Ersatzbegriffe wie „So ein Mist!“, „Zum Teufel damit!“, „Scheibenkleister“ oder „Verflixt und zugenäht“.

Reaktionsmöglichkeiten

Ist in Ihrem Zuständigkeitsbereich häufiges Fluchen an der Tagesordnung, dringen Sie unter Hinweis auf obige arbeitsrechtliche Sanktionen auf Mäßigung. Wäre Fluchern das folgende Zitat von Konfuzius bekannt, würden sie sich vielleicht zurückhalten:

SCHIMPFWÖRTER ENTEHREN NUR DEN, DER SIE BENUTZT.

Verwendet ein Mitarbeiter Ihnen gegenüber grobe Ausdrücke, ist Ihnen die Fortsetzung des Kontakts nicht zuzumuten, sodass Sie in diesem Moment jegliche Beziehungen abbrechen sollten:

- „Sagen Sie mal, wo sind Sie eigentlich aufgewachsen?"
- „Wir sollten erst weiterreden, wenn Sie Ihre Beherrschung wiedergefunden haben. Bis dann!"
- „Ehrlich gesagt, ich will mich diesem Geschimpfe nicht länger aussetzen. Darauf kann ich liebend gern verzichten. Nicht mit mir!"
- „Überlegen Sie sich Ihre Äußerungen besser noch einmal. Für eine Schlammschlacht stehe ich nicht zur Verfügung. Ich werde erst wieder mit Ihnen reden, wenn Sie sich gemäßigt haben."
- „Meinen Sie das wirklich alles so, wie Sie es sagen? Wenn das zutrifft, werden wir nicht gut miteinander auskommen können. In diesem Fall sollten wir das Gespräch zu einem späteren Termin fortsetzen, zu dem Sie dann eine bessere Laune mitbringen sollten."

Mit dieser Vorgehensweise stimmen Sie mit dem Philosophen Arthur Schopenhauer überein:

GEWISSEN MENSCHEN GEGENÜBER KANN MAN SEINE INTELLIGENZ NUR AUF EINE ART BEWEISEN, NÄMLICH INDEM MAN NICHT MIT IHNEN REDET.

FORTBILDUNGSMUFFEL

In einer Zeit, in der in Betrieben ständig neue Techniken Einzug halten, Entwicklungszeiten und Produktionszyklen in einem bisher nicht gekannten Tempo verkürzt werden und die Digitalisierung sowie Internationalisierung des Wirtschaftslebens ein bislang nicht gekanntes Ausmaß erreicht haben, gewinnt die Fähigkeit, sich schnell an neue Rahmenbedingungen anpassen zu können, zunehmend an Bedeutung. Das fachliche Wissen nimmt rapide zu und lässt vorhandenes Wissen schneller veralten. Diese Wissensexplosion bewirkt ein ständiges Absinken der Halbwertzeit des Wissens: Heute Gelerntes ist nach einigen Jahren nicht mehr anwendbar. Demzufolge ist die Bereitschaft und Fähigkeit zu lebenslangem Lernen, zu ständiger Weiterbildung, zum gezielten Aneignen erforderlicher neuer Spezialkenntnisse, zur Verzögerung eines altersbedingten Leistungsabfalls sowie zur Teilhabe am allgemeinen Wissensfortschritt unverzichtbar.

Konkret geht das Institut für Arbeitsmarkt- und Berufsforschung aktuell davon aus, dass bis zum Jahr 2025 die Umschichtung von Arbeitsplätzen ein enormes Ausmaß erreichen wird: In Deutschland werden etwa 1,5 Millionen Arbeitsplätze vor allem im produzierenden Gewerbe wegfallen, während mit einer gleichen Zahl zusätzlicher Arbeitsplätze für Mitarbeiter mit IT-Kenntnissen zu rechnen ist. Diese müssen in der Lage sein, innovativ und in übergreifenden Prozessen zu denken, um die digitale Welt mit der realen Welt in den Produktionsanlagen zusammenzubringen.

Die Bereitschaft und Fähigkeit der Betriebsmitglieder, sich diesem ständigen Lernprozess zu stellen und ihn erfolgreich zu bestehen, wird zur Schlüsselqualifikation für jeden Betriebsangehörigen und gleichzeitig zu einem gravierenden Wettbewerbsvorteil des Unternehmens.

Fazit: Erfolgreiche Unternehmen benötigen nicht nur moderne Anlagen und Produktionsmethoden, sondern sie sind existentiell auf Mitarbeiter angewiesen, die den Anforderungen der Gegenwart und vor allem auch der Zukunft gewachsen sind. Sollen erforderliche Anpassungs- und Veränderungsprozesse schnell und effizient durchgeführt werden, ist jeder Vorgesetzte auf qualifizierte und motivierte Mitarbeiter angewiesen, die ohne Scheuklappen bereit sind, sich für ihren Bereich zu engagieren. Bei der Weiterbildung der Mitarbeiter zu sparen, wäre Sparen am falschen Ende. Daher betrachten immer mehr Unternehmen die Weiterbildung ihrer Mitarbeiter als eine überlebensnotwendige und die Innovationsfähigkeit stärkende Investition in die Zukunft. Nach jüngsten Erkenntnissen des Statistischen Bundesamts bieten 95 Prozent der Unternehmen in Deutschland mit mehr als 250 Mitarbeitern Weiterbildungsangebote für ihre Angestellten. Bei Firmen mit 20 bis 49 Mitarbeitern sind es 61 Prozent, bei Firmen mit maximal 19 Mitarbeitern nur noch 53 Prozent.

Mitarbeiter aller hierarchischen Stufen sollten in eine gezielte Förderung einbezogen werden, wobei besonderes Augenmerk auf Mitarbeiter mit geringem Know-how gelegt werden sollte, weil bei ihnen bereits geringfügige betriebliche Änderungen große Anpassungsprobleme aufwerfen können. Hier lassen sich durch frühzeitig eingeleitete Förderungsmaßnahmen Irritationen vermeiden und Veränderungsprozesse ohne Bremsversuche durch Beteiligte oder Betroffene initiieren.

Gerade Mitarbeiter mit geringem Know-how sind verstärkt von Arbeitslosigkeit bedroht. Auch prognostizieren Bildungswissenschaftler für die Zukunft eine erhebliche Reduzierung von Arbeitsplätzen für diesen Personenkreis. Bedauerlicherweise nahmen nach der obigen Befragung Arbeitnehmer mit einfachen Tätigkeiten nur zu 20 Prozent an Weiterbildungsmaßnahmen teil, während Beschäftigte mit Berufs- oder Hochschulabschluss zu 44 Prozent Maßnahmen der betrieblichen Weiterbildung besuchten.

Sie schließen sich dem notwendigen Trend an und sorgen für eine kontinuierliche Aktualisierung und Ausweitung des Know-hows bei Ihren Mitarbeitern (natürlich auch bei sich selbst)! Die Qualität einer Führungskraft lässt sich auch an der zunehmenden Qualifizierung ihrer Mitarbeiter ablesen: Erfolgsorientierte Vorgesetzte ermöglichen ihren Mitarbeitern Qualifizierungen, die für aktuelle und künftige Aufgaben benötigt werden. Schwache Vorgesetzte behindern hingegen die Qualifizierung ihrer Mitarbeiter aus Bequemlichkeit oder aus Besorgnis, Mitarbeiter könnten mehr wissen als sie selbst und ihnen den Arbeitsplatz streitig machen. Auch ist zu hören: „Investiert man in einen Mitarbeiter, läuft er möglicherweise schneller zum Wettbewerber." Diese Begründung trifft vielmehr auf einen nicht geförderten Mitarbeiter zu. Auch würde dieser Mitarbeiter die Wertschätzung und Anerkennung vermissen, die mit der gewährten Fortbildungsmaßnahme verbunden sind.

Im Rahmen von Jahres-/Mitarbeitergesprächen beurteilen Sie Ihre Mitarbeiter sowie deren erbrachte Leistungen. Auch wagen Sie eine Prognose über ihre künftigen Entwicklungsmöglichkeiten im Unternehmen. Das Ergebnis wird als Förderungs- und Entwicklungsziel im Gesprächsprotokoll dokumentiert und bildet die Grundlage, Mitarbeiter für entsprechende Weiterbildungsmaßnahmen vorzusehen und mit neuen Herausforderungen zu konfrontieren.

Betrüblicherweise sperren sich immer wieder Mitarbeiter, eine Fortbildungsmaßnahme zu besuchen.

Reaktionsmöglichkeiten

Zeigt ein Mitarbeiter wenig Interesse an seiner beruflichen Weiterbildung, stehen Sie in der Pflicht, ihn intensiv auf die Notwendigkeit des lebenslangen Lernens hinzuweisen. Hierbei sollte der folgende Merksatz im Vordergrund stehen:

Wissen, das nicht jeden Tag zunimmt, wird täglich abnehmen!

Führen Sie ihm vor Augen, dass er es mit seinen Weiterbildungsbemühungen regelmäßig selbst in der Hand hat, seinen Arbeitsplatz zu sichern beziehungsweise erforderlichenfalls schneller in eine andere Tätigkeit zu wechseln. Die besondere Bedeutung der Weiterbildung bringt Mark Twain wie folgt zum Ausdruck:

BILDUNG IST DAS, WAS ÜBRIGBLEIBT, WENN DER LETZTE DOLLAR WEG IST.

Mit einer Vielzahl „plausibler" Gründe werden von bildungsunwilligen Mitarbeitern Weiterbildungsbemühungen beiseitegeschoben. Bei näherem Nachforschen lassen sich jedoch häufig Faulheit, Lernunwilligkeit, Bequemlichkeit, Unsicherheit oder ein schwaches Selbstvertrauen erkennen. Bereits vor 2000 Jahren bemerkte der römische Philosoph Seneca:

NOLLE IN CAUSA EST, NON POSSE PRAETENDITUR.
(NICHTWOLLEN IST DER GRUND, NICHTKÖNNEN NUR DER VORWAND.)

Es mag triftige, in der Person des Mitarbeiters oder seines familiären Umfelds liegende Gründe geben, die eine Teilnahme an Weiterbildungsmaßnahmen nicht geboten erscheinen lassen. Sie sollten aber die Ausnahme bilden. Ist der Mitarbeiter trotz Ihrer Hinweise für Weiterbildungen nicht zu gewinnen, darf er später nicht überrascht sein, wenn sein Arbeitsplatz in Gefahr gerät oder er bei Beförderungen übergangen wird.

Vorsorglich geben Sie eine Notiz in die Personalakte des Fortbildungsunwilligen, aus der die Art der vorgeschlagenen Maßnahme und der von ihm genannte Ablehnungsgrund erkennbar werden.

Übrigens: Während häufig die Erweiterung der Fachkompetenz im Vordergrund steht, treten zunehmend Maßnahmen zur Stärkung der sozial-kommunikativen Kompetenz (z. B. Teamfähigkeit, Konfliktmanagement, Kommunikationsfähigkeit), der persönlichen Kompetenz (z. B. Lernfähigkeit, Organisationsfähigkeit, Selbstmotivation, Selbststeuerung) und der Aktivitäts- und Handlungskompetenz (z. B. Durchsetzungsfähigkeit und -bereitschaft) hinzu.

Beteiligt sich der Arbeitgeber an der Finanzierung der Weiterbildung, können Rückzahlungsvereinbarungen getroffen werden, falls der Mitarbeiter seinem Arbeitgeber bald den Rücken zukehrt. Hierbei ist aus juristischer Sicht zu beachten:

- Eine Rückzahlungspflicht besteht nur dann, wenn der Mitarbeiter aus freien Stücken den Betrieb verlässt oder ihm wegen eigenen Fehlverhaltens gekündigt wird.
- Eine Rückzahlungspflicht besteht nur für Schulungen, durch die der Mitarbeiter einen Vorteil erlangt, also erworbene Fertigkeiten und/oder Kenntnisse auch außerhalb seines gegenwärtigen Arbeitsplatzes nutzen kann. Geht es nur um Betriebsinterna oder die Auffrischung vorhandener Kenntnisse, entfällt eine Rückzahlungspflicht.
- Eine Rückzahlungspflicht besteht nicht auf unbestimmte Dauer, sondern kann je nach Dauer und Höhe der Kosten variieren, wobei sich die Erstattungspflicht monatlich vermindert.
- Eine Rückzahlungsvereinbarung muss unmissverständlich festhalten, welche Regelungen gelten, damit dem Mitarbeiter die Verpflichtungen erkennbar sind, die auf ihn bei frühzeitiger Lösung des Arbeitsverhältnisses zukommen.

FRUSTRIERTER

Jeder Mensch möchte seine Bedürfnisse erfüllt sehen. Die Bemühungen des Mitarbeiters um Bedürfnisbefriedigung erweisen sich nicht immer als erfolgreich, sondern hin und wieder als „vergeblich" (lat. frustra). Den hieraus resultierenden Begriff „Frustration" können wir als Behinderung eines Menschen definieren, ein Ziel zu erreichen oder ihm näher zu kommen. Eine erste Frustration wird bei durchschnittlich selbstsicheren Mitarbeitern eher zur Leistungsverstärkung nach dem Motto „Jetzt erst recht" führen. Wird jedoch die individuell unterschiedliche Frustrationstoleranz überschritten, setzen als Reaktionen spannungsmindernde und nichtrationale Verhaltensweisen, sogenannte Abwehrmechanismen beim Mitarbeiter ein:

Direkte Aggression

Noch vorhandene Energien richten sich gegen den, der die Frustration ausgelöst hat. So wird auf Vorhaltungen eines Kollegen über mangelnde Zusammenarbeit nicht sachorientiert reagiert, sondern mit verbalen Angriffen, die sich sogar zu Handgreiflichkeiten steigern können.

Verschobene Aggression

Die Frustration wird an Unbeteiligten abreagiert. Diese sind sich keiner Schuld bewusst und verstehen die Welt nicht mehr. Tatsächlich nehmen sie unbeabsichtigt eine Blitzableiterfunktion wahr. Besser wäre es, der Frustrierte würde durch körperliche Betätigung (z. B. eine Runde um den Block laufen, Liegestütze) seine Aggressionen abbauen.

Organisierte Aggression

Aggressive Verhaltensweisen richten sich geplant oder informell gegen etwas oder jemandem, zum Beispiel gegen einzuführende Neuerungen oder einen unbeliebten Vorgesetzten.

Kompensation

Im Beruf versagte Selbstbestätigung/Erfolgserlebnisse werden an einem anderen Ort gesucht (z. B. Vereinsarbeit, Freiwillige Feuerwehr, Sportplatz). Statt des eigentlichen Ziels versucht der Frustrierte ein Ersatzziel zu verwirklichen.

Restriktion

Der Mitarbeiter zeigt eine früheren Entwicklungsphasen zuzuordnende Verhaltensweise. So bricht eine Mitarbeiterin bei Kritik in Tränen aus oder ein Mitarbeiter begibt sich in eine emotionale Isolierung, indem er sich in den ihm als Schutz dienenden „Schmollwinkel" zurückzieht.

Konversion

Mitarbeiter reagieren bei häufigem Misserfolg vielfach mit „chronischen Kampfreaktionen": Sie wirken pessimistisch, launisch, leidend, nörgelnd. Verbietet die Situation oder der Charakter dem Mitarbeiter, aggressiv gegen andere zu werden, kann er immer noch Aggressionen gegen sich selbst entwickeln. Dieser Mitarbeiter ähnelt einem in Südamerika beheimateten Skorpion, der – wenn man ihn zu sehr ärgert – so wütend wird, dass er sich selbst sticht und an seinem eigenen Gift stirbt. Andere Mitarbeiter reagieren mit Flucht in die Krankheit. Die Symptome können Magendrücken, Magengeschwüre, Verdauungsprobleme, Übelkeit (beim Magen-Darm-Typ) oder Herzbeschwerden, Schweißausbrüche, Schwindelgefühle und Kreislaufprobleme (beim Herz-Kreislauf-Typ) sein.

Rationalisierung

Der Mitarbeiter führt Scheinargumente ins Feld, um einen Misserfolg sich selbst und anderen gegenüber zu entschuldigen und als unbedeutend darzustellen. Hier sind zwei Varianten zu unterscheiden:

1. Ein nicht erreichtes Ziel wird nachträglich abgewertet (z. B. ein Mitarbeiter hat bei einer innerbetrieblichen Stellenausschreibung keinen Erfolg und erklärt dann, die Stelle sei ja doch nur etwas für „Radfahrer" gewesen).
2. Die Vorteile einer eigentlich unbefriedigenden Situation werden erkannt und in den Vordergrund gestellt (z. B. erklärt ein Mitarbeiter nach einem aus betrieblichen Gründen abgelehnten Erholungsurlaub, es sei ein Glück, bei dem schlechten Wetter keinen Urlaub bekommen zu haben).

Häufige Auslöser von Frustrationen sind leere oder falsche Versprechungen von Führungskräften. Vielleicht vergaßen Sie eine Zusage oder konnten sie wegen veränderter Umstände nicht realisieren. Eventuell hatten Sie als Manipulator überhaupt nicht vor, ein gegebenes Versprechen einzuhalten – nach dem Motto: Wie versprochen, so gebrochen. In jedem Fall ist der Mitarbeiter enttäuscht. Seine Hoffnungen lösen sich nach leeren oder falschen Versprechungen in Luft auf und erzeugen einen bitteren Nachgeschmack. Er fühlt sich hintergangen, getäuscht und ausgenutzt und ärgert sich, so naiv gewesen zu sein, Ihnen Glauben geschenkt zu haben. Kommt es mehrfach zu leeren oder falschen Versprechungen, wird das Ihnen bisher entgegengebrachte Vertrauen bis in seine Grundpfeiler erschüttert. Der Mitarbeiter erkennt Ihre fehlende Aufrichtigkeit und Ihren Mangel an Respekt ihm gegenüber. Dass er nun mit Abwehrmechanismen reagiert, ist die zu erwartende Reaktion. So bleibt nicht aus, dass der Enttäuschte für Sie spätestens jetzt zu einem schwierigen Mitarbeiter wird, siehe auch → Misstrauischer, → Neider.

Reaktionsmöglichkeiten

Bemerken Sie bei einem Mitarbeiter derartige Abwehrmechanismen, versuchen Sie, die Ursache der Frustration am besten im Rahmen eines vertrauensvollen Gesprächs zu ermitteln. Sorgen Sie – soweit es in Ihrer Macht steht – für eine Verbesserung der Situation. Statt leerer oder falscher Versprechungen praktizieren Sie einen Grundsatz:

Sie versprechen nichts, was Sie nicht durch eigenes Zutun auch halten können!

Denn Sie wissen: Verlorenes Vertrauen zurückzugewinnen, ist zumeist sehr schwierig, oftmals gar unmöglich. Der „Eiserne Kanzler" Otto von Bismarck bemerkte:

DAS VERTRAUEN IST EINE ZARTE PFLANZE.
IST ES EINMAL ZERSTÖRT, SO KOMMT ES SO BALD NICHT WIEDER.

Müssen Sie erkennen, dass ein von Ihnen gegebenes Versprechen nicht gehalten werden kann, werden Sie sogleich mit dem Mitarbeiter über die neue Situation sprechen, die Hinderungsgründe erläutern und gemeinsam beratschlagen, ob Alternativen ins Auge gefasst werden können oder wie sich die künftige Zusammenarbeit dennoch positiv gestalten lässt.

Würden Sie keine Schadensbegrenzung betreiben, wirkten Sie in den Augen des Mitarbeiters gleichgültig und respektlos. Auch könnte der Mitarbeiter überlegen, ob er künftig selbst seine Versprechen halten soll, wenn nicht einmal sein Vorgesetzter sich an Zugesagtes gebunden fühlt.

GEKÜNDIGTER

Bei einer verhaltensbedingten oder außerordentlichen Kündigung wird sich Ihr Mitleid für den Gekündigten zumeist in Grenzen halten, weil der Mitarbeiter die Kündigung durch eigenes Verhalten ausgelöst hat. Anders erweist sich die Ausgangsbasis im Falle einer betriebsbedingten Trennung. Ohne dass ein schuldhaftes Verhalten vorliegt, wird dem Mitarbeiter das Arbeitsverhältnis gekündigt.

Aus einer Studie der Universität des Saarlands im Januar 2017 ging hervor, dass Berufstätige ihre Kündigung in der Regel persönlich erhalten. So werden in 84 Prozent der Fälle bei der Übergabe des Kündigungsschreibens Trennungsgespräche von unterschiedlicher Dauer und mit unterschiedlichem Inhalt geführt. In den restlichen 16 Prozent erhalten die Gekündigten das Kündigungsschreiben per Post oder per Bote.

Viele Führungskräfte haben einen Horror vor Trennungsgesprächen. Müssen Sie das Kündigungsschreiben aushändigen, befinden Sie sich als Überbringer einer schlechten Nachricht in emotionalem Stress. Einerseits ist Ihre Betroffenheit groß, sich von einem möglicherweise geschätzten Mitarbeiter trennen zu müssen, mit dem Sie lange Zeit gut zusammengearbeitet haben. Außerdem ist Ihnen bewusst, dass die Kündigung drastischen Einfluss auf das finanzielle Auskommen des Mitarbeiters und seiner Familie haben wird. Andererseits müssen die Interessen des Unternehmens angemessen vertreten werden, selbst dann, wenn Sie die Entscheidung der Firmenleitung nicht nachvollziehen können.

Vor dem Trennungsgespräch versetzen Sie sich einen Moment in die Lage des Mitarbeiters, um sich für das anschließende Gespräch zu sensibilisieren. Selbst wenn der Mitarbeiter seit langem Kritik an der Firma oder den Begleitumständen seiner Arbeit äußerte, wird er im Fall einer plötzlichen Kündigung diese negativen Punkte als unwesentlich betrachten, denn der Philosoph Schopenhauer erkannte:

MEIST BELEHRT ERST DER VERLUST ÜBER DEN WERT DER DINGE.

Was wird der Mitarbeiter wohl empfinden?

- Gefühl des Versagens, der Niederlage, des ungerechtfertigten Karriereknicks
- Angst vor der Zukunft, Existenzbedrohung
- Arbeit als Grundlage sozialer Wertschätzung bricht weg
- Betriebsbindung zerbricht, Betrieb kündigt Loyalität auf
- Angst vor Isolation, vor fehlenden sozialen Kontakten
- Nichtstun = purer Stress

Und über allem schwebt die Frage: Warum gerade ich?

Es ist nicht auszuschließen, dass der Mitarbeiter während des Trennungsgesprächs Unerfreuliches von sich gibt. In diesem Fall sollten Sie ihm mildernde Umstände zugestehen und seine Äußerungen nicht persönlich nehmen. Als Überbringer der Kündigung fungieren Sie häufig als erstes Angriffsziel.

Reaktionsmöglichkeiten

Ein Trennungsgespräch bei betriebsbedingter Kündigung bauen Sie wie folgt auf:

1. **Sie teilen die Kündigungsentscheidung sofort mit.**
   Sie kommen ohne Smalltalk sofort zur Sache. Je länger Sie um den heißen Brei herumreden würden, umso unangenehmer würde die Situation. Sie nennen sofort Trennungsentscheidung und -datum und stellen die Endgültigkeit der Entscheidung heraus. Dadurch kommt beim Mitarbeiter erst gar keine Hoffnung auf, die Entscheidung wäre noch nicht endgültig oder es könnten sich vielleicht noch andere Möglichkeiten ergeben. Erst wenn dem Mitarbeiter die Unabänderlichkeit bewusst wird, tritt die Notwendigkeit einer Neuorientierung in den Vordergrund.

2. **Sie verdeutlichen den Kündigungsgrund.**
   Sie teilen dem Mitarbeiter zumeist den Kündigungsgrund mit, ohne die Kündigung zu rechtfertigen. Stellen Sie ausdrücklich dar, dass die Kündigung nichts mit der Person des Mitarbeiters oder seiner Leistung zu tun hat, sondern hierfür ausschließlich betriebliche Gründe ausschlaggebend sind.

3. **Sie zeigen Verständnis für die Enttäuschung/Frustration des Mitarbeiters.**
   Sie nehmen die Reaktionen des Mitarbeiters ernst, hören ihm zu und zeigen eigene Betroffenheit (z. B. „Ich kann verstehen, dass Sie enttäuscht sind.“). Wenig lohnend wäre es, über die Kündigungsentscheidung zu diskutieren, zu streiten oder sie zu verteidigen. Keinesfalls lassen Sie sich verleiten, Ihr Unverständnis über diese Personalentscheidung zu äußern oder über „die da oben“ herzuziehen.

4. **Sie schnüren das „Trennungspaket“ auf.**
   Sie packen im Vorfeld des Gesprächs gemeinsam mit der Personalabteilung ein „Trennungspaket“, das wichtige Informationen für den Gekündigten enthält. Eventuell soll die Personalabteilung einen Teil dieser Informationen vermitteln. In diesem Fall vereinbaren Sie sogleich einen für alle Beteiligten passenden Termin.

Fragen zum Trennungspaket

- Wie soll es weitergehen? - Kündigung = Neuanfang
- Abfindung?
- Praktische Hilfe anbieten?
- Outplacement-Aktivitäten vorsehen? (Hier finanziert das Unternehmen einen professionellen Dienstleister, der Hilfestellung bei der beruflichen Neuorientierung bis zum Abschluss eines neuen Arbeitsvertrags oder einer Existenzgründung leistet.)
- Gespräch mit dem Betriebspsychologen vorsehen?
- Sozialplan?
- Arbeitszeugnis wohlwollend formulieren bzw. dem Gekündigten anbieten, selbst das Zeugnis mit den ihm wichtigen Schwerpunkten zu entwerfen?
- Resturlaub?
- Firmenwagen?
- Dienstwohnung?
- Betriebliche Altersversorgung?
- Freistellung bis zum letzten Tag des Arbeitsverhältnisses unter Fortzahlung der Bezüge? (Will oder muss ein Mitarbeiter dieses Angebot annehmen, ist vorweg eine geordnete Übergabe der Aufgaben zu organisieren! Falls keine Freistellung beabsichtigt ist, müssen Sie überlegen, was Sie von dem Mitarbeiter erwarten - schließlich bezieht dieser weiterhin sein Gehalt)
- Rückgabe von Betriebseigentum (z. B. Heimarbeitsplatz, Schlüssel, Arbeits-/Schutzkleidung, Betriebsausweis)?
- Übergabe des Arbeitsplatzes am ... an ...?

5. Sie händigen das Kündigungsschreiben aus.

Die Kündigung ist eine einseitige, empfangsbedürftige Willenserklärung, die zu ihrer Wirksamkeit schriftlich auszusprechen ist. Sie lassen sich den Empfang des Kündigungsschreibens bestätigen. Weigert sich der Gekündigte, das Kündigungsschreiben anzunehmen, kann es durch Boten, durch Gerichtsvollzieher oder per Einschreibesendung mit Rückschein zugestellt werden. Möglicherweise lässt sich der Gekündigte auch zur Entgegennahme des Kündigungsschreibens bewegen, wenn Sie ihm erklären, dass er lediglich den Empfang bestätigt, damit aber keine Anerkennung der Kündigung verbunden ist. Das Schreiben müsste er besitzen, um bei der Einschaltung Dritter Konkretes vorweisen zu können.

6. Sie versuchen, bis zum Gesprächsschluss Ihre Empathie zu erhalten.

Bis zum Schluss signalisieren Sie Ihre persönliche Wertschätzung und zeigen Empathie. Dabei vermeiden Sie Beschwichtigungen („Kopf hoch, es wird schon werden"), Verbrüderungen („Ich an Ihrer Stelle wäre jetzt auch richtig sauer und wütend") und Schmeicheleien („Wenn ich gefragt worden wäre, hätten wir Ihnen nicht gekündigt"). Auch streiten Sie mit dem Gekündigten nicht über unterschiedliche Wahrnehmungen von Sachverhalten, sondern entwickeln besser den Ehrgeiz, das Arbeitsverhältnis gesichtswahrend zu beenden. Beim Gekündigten soll ein Blick zurück im Zorn und daraus resultierend eine Beeinträchtigung des Erscheinungsbilds des Unternehmens in der Öffentlichkeit vermieden werden. Ihr respektvoller Umgang mit dem Mitarbeiter senkt auch die Wahrscheinlichkeit von Sabotage durch den Gekündigten.

Falls es sich nach dem Gesprächsverlauf anbietet, sprechen Sie dem Gekündigten Wertschätzung und Dank für das während der Betriebszugehörigkeit Geleistete aus.

Bevor der Gekündigte auf stur schaltet, bis zum letzten Arbeitstag nur noch die Zeit absitzt, das Betriebsklima vergiftet oder sich krankschreiben lässt, bemühen Sie sich, ihn zu akzeptablen Leistungen zu animieren. Der Wink mit dem Arbeitszeugnis kann Wunder wirken, denn jeder Arbeitnehmer weiß, dass die Arbeitsplatzsuche mit einem schlechten Arbeitszeugnis schwierig wird. Sie könnten zum Beispiel formulieren:

„Bis zur Übergabe des Arbeitsplatzes erhoffe ich von Ihnen gute Leistungen, damit ich Ihnen ohne ein schlechtes Gewissen ein positives Arbeitszeugnis ausstellen kann. Gerne möchte ich Sie bei Nachfragen eines potenziellen neuen Arbeitgebers als anständigen und fairen Mitarbeiter charakterisieren, der bis zur Übergabe seines Arbeitsplatzes seinen Verpflichtungen bestmöglich nachgekommen ist. Dies könnte die entscheidende Information für die Einstellung bei einem neuen Arbeitgeber sein. Sind wir uns darin einig?"

Gelingt es Ihnen, den Mitarbeiter aus der Jammerecke herauszuholen und gemeinsam mit ihm sein weiteres Vorgehen zu erörtern, trägt das nicht nur Früchte für den Mitarbeiter. Auch Sie können zu Recht auf dieses Ergebnis stolz sein.

GEWOHNHEITSTIER

Menschen sind Gewohnheitstiere. Sie haben bestimmte Reaktions- und Verhaltensweisen entwickelt, die in gleichartigen Situationen zu identischen Handlungen führen. Tritt eine entsprechende Situation ein, greift das Gehirn blitzschnell auf frühere Reaktionsweisen zurück und spult diese nahezu automatisch ab. Diese sind so tief im Gehirn verankert, dass sie zu Selbstverständlichkeiten geworden sind. So unterbleibt die Suche nach Alternativen. Je häufiger diese Handlungen vorgenommen werden, umso weniger werden sie auf ihre Gültigkeit/Richtigkeit überprüft. In einem spanischen Sprichwort heißt es:

GEWOHNHEITEN SIND ZUNÄCHST SPINNWEBEN, SPÄTER DRÄHTE.

Selbst wenn sie wissen, dass eine Gewohnheit nichts bringt, möglicherweise kontraproduktiv wirkt, ist es für viele Menschen einfacher und bequemer, das gewohnte Verhalten zu zeigen, als ihre Gewohnheiten auf den Prüfstand zu stellen und anschließend zu revidieren. Auf ausgetretenen Pfaden läuft es sich besser, sodass die Suche nach kürzeren, schnelleren, interessanteren und weniger beschwerlichen Wegen unterbleibt.

Die im Berufsleben zu erledigenden Aufgaben werden immer komplexer und fordern selbstständig denkende und handelnde Mitarbeiter, die in der Lage sind, sich schnell und erfolgreich auf veränderte Bedingungen einzustellen. Das Festhalten an zur Routine gewordenen Gewohnheiten (Tunnelblick) vergeudet Energie und schränkt das menschliche Wachstum und die Entwicklung ein. Die Wettbewerbsfähigkeit eines Unternehmens würde eingeschränkt oder ihr gar der Todesstoß versetzt, wenn die Macht der Gewohnheit alles bestimmen und uns hindern würde, uns auf andere Vorgehensweisen einzulassen.

Reaktionsmöglichkeiten

Generell nehmen Sie jeden Mitarbeiter so, wie er ist. Mit Ihrer Vorgesetztenfunktion ist kein Erziehungsauftrag verbunden. Ein lebensälterer Mitarbeiter hat sich während seines Berufslebens Gewohnheiten angeeignet, die er Ihrer Meinung nach ablegen/verändern soll. Dass sich Ihr Mitarbeiter zur Wehr setzen wird, sobald Sie ihn umerziehen und neu erfinden wollen, ist nachvollziehbar. Stoßen Sie aber als Kontrollierender, Coach, Mentor oder Unterweisender auf Gewohnheiten, die sich in einem nicht hinnehmbaren Umfang negativ auf die Arbeitsergebnisse auswirken, werden Sie dennoch aktiv.

Nach entsprechenden Interventionen erwarten Sie, dass der Mitarbeiter mit ungewünschten Gewohnheiten bricht und durch neue Verhaltensweisen eine Veränderung oder Verbesserung herbeiführt. Das setzt voraus, dass der Mitarbeiter die neue Gewohnheit als wirklich wertvoll ansieht und sich nicht zu Handlungen zwingen muss, die ihm widerstreben.

Wird vom Mitarbeiter erwartet, dass er mehrere Gewohnheitsänderungen zur gleichen Zeit angeht, wird er in der Regel überfordert. Größeren Erfolg verspricht die Konzentration auf nur eine Gewohnheit. Hat sich dann eine Verhaltensänderung stabilisiert, kann das nächste Vorhaben ins Visier gefasst werden.

Selbst wenn der Mitarbeiter zur Aufgabe einer unerwünschten Gewohnheit fest entschlossen ist, wird ihm dies nicht von jetzt auf sofort gelingen. Unterstützend signalisieren Sie ihm, dass Sie ihm die gewünschte Verhaltensänderung zutrauen. Ihren Vertrauensvorschuss wird der Mitarbeiter zur Kenntnis nehmen und sich bemühen, Ihrer Zuversicht gerecht zu werden.

Zeigen Sie Geduld: Ein neues Verhalten muss vom Mitarbeiter eingeübt werden – als Richtwert wurde in einer amerikanischen Business-Studie ein Zeitraum von mindestens 30 Tagen empfohlen, in dem die neue Verhaltensweise jeden Tag angewendet wird. Dieser Zeitraum ist einerseits überschaubar, zugleich aber so lange, dass sich eine neue Gewohnheit aufbauen kann. Während der Umgewöhnungsphase werden Sie wahrnehmbare Fortschritte anerkennen und dem Mitarbeiter den Rücken gegen Rückfälle in unerwünschte, bereits überwunden geglaubte Gewohnheiten stärken.

Diverse Reaktionsmöglichkeiten bei Widerständen des Mitarbeiters entnehmen Sie bitte den Hinweisen zum → Bremser/Veränderungsblockierer.

GRAPSCHER

Zur grundgesetzlich garantierten körperlichen Unversehrtheit zählt auch, dass der Intimbereich eines Menschen nicht von Fremden – unabhängig vom Kulturkreis, aus dem er stammt – begrapscht oder ein unangebrachter Körperkontakt hergestellt wird.

Im November 2016 wurde der Tatbestand der sexuellen Belästigung ins Strafgesetzbuch eingeführt. Wer eine andere Person „in sexuell bestimmter Weise körperlich berührt und dadurch belästigt", muss mit einer Freiheitsstrafe von bis zu zwei Jahren oder mit einer Geldstrafe rechnen.

2015 veröffentlichte die Antidiskriminierungsstelle des Bundes eine repräsentative Befragung. Demnach gaben 49 Prozent der befragten Frauen an, schon einmal eine „gesetzlich verbotene Belästigung am Arbeitsplatz" erlebt zu haben – meistens im Büro (56 Prozent), bei Betriebsfesten (48 Prozent), auf Fluren oder im Fahrstuhl (35 Prozent). Auch 12 Prozent der Männer berichten von unerwünschter körperlicher Annäherung.

Finden die Übergriffe am Arbeitsplatz statt, hat der/die Betroffene die Möglichkeit, strafrechtlich gegen den Täter und den Arbeitgeber (falls dieser nicht gegen das Fehlverhalten einschreitet) vorzugehen. Aus obigen Zahlen ist ein nicht zu vernachlässigendes Betätigungsfeld des Arbeitgebers zu erkennen, die Sicherheit aller Mitarbeiterinnen und Mitarbeiter zu gewährleisten und gegen entwürdigende Übergriffe vorzugehen.

Reaktionsmöglichkeiten

Kommt Ihnen zu Ohren, dass ein Mitarbeiter die gesellschaftliche Distanzzone einer Mitarbeiterin durch „kleinere Unschicklichkeiten" missachtet (z. B. nimmt eine Kollegin gegen ihren Willen bei der morgendlichen Begrüßung in den Arm oder legt ihr die Hand auf die Schulter), sprechen Sie den Übergriffigen sogleich auf seine ungehörigen Berührungen an und warnen ihn vor der Wiederholung solcher Handlungen. Ihre mündliche Verwarnung notieren Sie sich, weil der Nachweis Ihrer Reaktionen bei Fortsetzung übergriffiger Handlungen eventuell bedeutungsvoll sein könnte.

Sie werden in Ihrem Zuständigkeitsbereich erkannten sexuellen Übergriffen entgegentreten und sogleich arbeitsrechtliche Schritte von der Abmahnung bis zur fristlosen Kündigung einleiten.

GRENZÜBERSCHREITER

Jeder Mensch hat ein elementares Bedürfnis, eine persönliche Zone um sich herum zu haben, die möglichst von anderen Personen nicht verletzt wird. In unserem Kulturkreis wird zwischen vier Distanzzonen unterschieden:

- Intime Distanz bis 0,50 m
- Persönliche Distanz 0,50 bis 1,20 m
- Gesellschaftliche Distanz 1,20 bis 3,00 m
- Öffentliche Distanz ab 3,00 m

Im Berufsleben ist die gesellschaftliche Distanz (bis auf wenige Ausnahmen, z. B. dürfen Ärzte, Friseure oder Schuhverkäufer im Rahmen ihrer Tätigkeit deutlich näherkommen) angemessen. Kommt uns jemand zu nahe, reagieren wir auf die Missachtung unserer Persönlichkeit mit großer Wahrscheinlichkeit mit Unmutserscheinungen, die sich in starken Aggressionen oder großer Verunsicherung niederschlagen können.

Indem der Mitarbeiter diese unsichtbaren Grenzen überschreitet und Ihnen zu stark „auf die Pelle rückt", lässt er mangelnden Respekt und mangelnde Wertschätzung erkennen. Er akzeptiert Ihre individuelle Verteidigungslinie nicht: Sie sollen eingeschüchtert werden, sodass Unterlegenheitsgefühle ausgelöst werden, bei ihm selbst aber die Durchsetzungskraft gesteigert wird.

Bei zu großer Nähe des Mitarbeiters achten Sie kaum mehr auf das Gesagte, stattdessen überschattet Ihr Unbehagen selbst positive Informationen. Dafür konstatieren Sie, ob die Atemgeräusche des Mitarbeiters noch normal sind oder ob sich bereits Ansätze von Asthma zeigen. Wenn Ihnen unbeabsichtigt auch noch etwas Speichel ins Gesicht gesprüht wird, erinnern Sie sich an Wilhelm Busch:

DIE LIPPE SPRÜHT, DAS AUGE LEUCHTET,
DES LAUSCHERS BART WIRD ANGEFEUCHTET.

Manche Gesprächsteilnehmer zupfen am Ärmel ihres Gegenübers, um unbewusst den Kontakt durch Heranziehen zu fördern. Durch Ticken mit dem Zeigefinger auf Arm, Schulter oder Brust soll eigenen Aussagen Nachdruck verliehen werden.

Reaktionsmöglichkeiten

Gehen Sie nicht sogleich auf Distanz, hat der Kontrahent Ihnen den Schneid abgekauft. Äußern Sie aber sofort, was Sie stört, stehen die Chancen gut, dass sich die Situation schnell entspannt:

- „Sie kommen mir zu nahe und gehen mir damit zu weit – Abstand bitte!“
- „Ich habe es nicht gern, wenn Sie mich räumlich einengen. Mit keinem Mitarbeiter möchte ich so intim sein.“
- „Wenn im sachlichen Bereich die Distanz verringert wird, freut mich dies. Im räumlichen Bereich lege ich aber entschieden Wert auf die übliche Distanz.“
- „Sie rücken mir zu stark auf die Pelle und lassen mir kaum noch Luft zum Atmen. Ich betrachte einen größeren Abstand als unverzichtbar.“

Sie lassen sich keinesfalls aus der Ruhe bringen, sondern bleiben souverän, ruhig und gelassen.

HYPOCHONDER

Ein Hypochonder beschäftigt sich unverhältnismäßig stark mit körperlichen Beschwerden und fürchtet krank zu sein, selbst dann, wenn er schon gründlich untersucht worden ist. Die meisten Menschen sind beruhigt, wenn der Arzt Entwarnung gibt und keine körperliche/seelische Ursache findet. Ein Hypochonder jedoch bleibt bei der festen Überzeugung, an einer ernsthaften Erkrankung zu leiden. Er sucht meist weitere Ärzte auf und drängt auf immer neue Untersuchungen. Seine Ängste sind meistens quälend, hartnäckig und schränken das Leben stark ein.

Die Hypochondrie (unfachmännisch als Einbildung von Krankheiten bezeichnet) ist eine psychische Störung, unter der 9 bis 20 Prozent der Gesamtbevölkerung leiden. Die Verläufe der Störung sind in der Regel chronisch. Das heißt, dass der Betroffene sich immer mehr und kontinuierlich mit körperlichen Beschwerden und deren Zusammenhang mit einer bestehenden Krankheit beschäftigt. Hat er beispielsweise über das Internet medizinische Informationen eingeholt, kann dieses laienhafte Halbwissen gefährliche Folgen heraufbeschwören und der vermeintlichen Erkrankung weiteren Auftrieb geben.

Hypochonder neigen wegen der befürchteten Erkrankung zu einer Reduzierung ihrer beruflichen Belastung. Das kann zur Folge haben, dass andere Kollegen unterstützend eingreifen und Aufgaben des Hypochonders übernehmen. Weil der Hypochonder mitunter die Kollegen an seinen Befürchtungen und Ängsten teilhaben lässt, wird ihm Aufmerksamkeit und Mitgefühl signalisiert, was ihn in seiner eingebildeten Erkrankung bestärkt.

Reaktionsmöglichkeiten

Auch wenn ein Hypochonder immer wieder mit seiner nur für ihn existierenden Krankheit die Aufmerksamkeit der Umwelt auf sich lenkt, pflegen Sie mit ihm im Rahmen Ihrer Fürsorgepflicht weiterhin einen vertrauensvollen Umgang. Lassen Sie es aber nicht zu, dass sich Gespräche mit ihm vorrangig auf die Krankheitsebene konzentrieren. Stellen Sie dafür bewusst die betrieblichen Gesichtspunkte in den Vordergrund. Ferner achten Sie darauf, dass der Hypochonder mit seinen Schilderungen über seine vermeintliche Erkrankung die Kollegen nicht von der Arbeit abhält.

Ist der Mitarbeiter aufgrund einer Erkrankung nicht mehr in der Lage, zukünftig den Pflichten aus seinem Arbeitsvertrag ordnungsgemäß nachzukommen, kann das Arbeitsverhältnis wegen Arbeitsunfähigkeit infolge Krankheit gekündigt werden. Vorweg hat der Arbeitgeber eine umfassende Interessenabwägung vorzunehmen. Damit die Kündigung sozial gerechtfertigt ist, muss die Krankheit zu einer erheblichen Beeinträchtigung betrieblicher oder wirtschaftlicher Interessen geführt haben. Darüber hinaus muss eine solche Beeinträchtigung auch zukünftig zu befürchten sein („negative Gesundheits-/Zukunftsprognose").

Falls im Unternehmen entsprechendes juristisches Fachwissen nicht abgerufen werden kann, sollte ein Fachanwalt für Arbeitsrecht beratend engagiert werden.

IDEENKILLER

Werfen wir einen Blick in eine Besprechungsrunde, wie sie immer wieder anzutreffen ist. Ein Teilnehmer äußert eine neue und ungewöhnliche Idee, die bislang nicht ausprobiert wurde. Was geschieht? Geht man konstruktiv mit der Idee um, baut man sie aus? Handelt man nach dem Grundsatz: Ist eine Idee neu, ist dies schon ein Grund, sich mit ihr positiv zu beschäftigen? Oder fallen Ideenkiller mit Einwänden über den Gedanken her und schlagen ihn mit Phrasen kurz und klein? Leider bestätigt sich zumeist die letzte Annahme und es bewahrheitet sich die Marschrichtung der Ideenkiller: „Eine Idee ist so lange gut, bis ich weiß, von wem sie stammt."

Nachdem der erste Versuch abgeschmettert wurde, wird vielleicht ein zweiter Lösungsansatz aus der Runde genannt. Dieser erleidet dasselbe Schicksal wie sein Vorgänger und wird gnadenlos zerhackt. Dem dritten Vorschlag geht es nicht besser. Die Produzenten der Vorschläge, die gekillt wurden, rüsten auf und produzieren ihrerseits Vergeltungswaffen. Den Rachegelüsten („Kritisierst du meinen Vorschlag, kritisiere ich deinen") wird freien Lauf gelassen. Schließlich einigt man sich auf eine Routinelösung, die schon oft ihre Wirksamkeit bewiesen hat. Außer Acht gelassen wird dabei jedoch das Risiko, dass dieses althergebrachte Denken in eingefahrenen Gleisen den Blick auf Neues verschließt, sodass letztlich keine optimale Problemlösung herauskommt.

Reaktionsmöglichkeiten

Um zu einer optimalen Problemlösung zu gelangen, sollten möglichst viele Lösungsalternativen gesammelt werden, insbesondere bei komplexen und neuartigen Fragestellungen. Denn wie sagte schon der US-amerikanische Psychologe Abraham Maslow:

> WENN DU ALS WERKZEUG NUR EINEN HAMMER HAST,
> SIEHT JEDES PROBLEM WIE EIN NAGEL AUS.

Als Vorgesetzter achten Sie auf die Einhaltung von Spielregeln und sorgen für eine entspannte Atmosphäre. Fühlen sich die Mitarbeiter dann wohl und behandeln sie sich gegenseitig mit Respekt, bedarf es nur weniger Regeln, um schlummernde Potenziale zu wecken.

Um dem Ideenkiller keine Möglichkeit zu einem destruktiven Auftritt zu bieten, beharren Sie auf dem Grundsatz des „deferred judgement" (= hinausgeschobene Beurteilung), mit dem vier Regeln verbunden sind:

Regel 1: Keinerlei Kritik, auch nicht nonverbal.
Ist Kritik untersagt, vermindert sich die Rivalität unter den Teilnehmern, sodass Aggressionen vermieden werden. Selbst sehr zurückhaltende und schüchterne Menschen können ihre Gedanken darlegen, da sie keine negativen Rückmeldungen zu befürchten brauchen. Auch positive Kritik ist unerwünscht. Dadurch könnte der Eindruck entstehen, man habe schon das Ei des Kolumbus gefunden. Natürlich sind auch Killerfaces (Gestik und Mimik, in denen sich ausdrückt, dass man von dem gerade gemachten Vorschlag nichts hält) und Killerphrasen untersagt.

Regel 2: Jede Idee ist willkommen!
Quantität rangiert vor Qualität! Je größer die Zahl der Lösungsansätze ist, desto wahrscheinlicher sind darunter auch gute Ideen.

Regel 3: Je ausgefallener, umso besser!
Für alle Ideen, auch ausgefallene (?), unsinnige (?), unpraktische (?) Ideen, gibt es grünes Licht. Die Brauchbarkeit aller Ideen wird erst in der darauf folgenden Bewertungsphase untersucht.

Regel 4: Fremde Ideen aufgreifen und ausbauen.
Da die Teilnehmer durch das Kritikverbot keine Wertungen äußern dürfen, haben sie den Kopf frei, sich an genannte Vorschläge anzuhängen und sie lebensfähig zu machen. Jede genannte Idee erhält quasi ein Schild umgehängt mit der Aufschrift: „Entwurf – Vorschlag – Grundidee – Bitte verbessern!!" Mehrere genannte Vorschläge können auch kombiniert und daraus neue Vorschläge entwickelt werden.

Setzt sich ein Ideenkiller über diese Regeln hinweg, ermahnen Sie ihn. Hält er sich trotz der gelben Karte nicht an die Regularien, zeigen Sie ihm die rote Karte. Dieser Ausschluss aus der Besprechungsrunde und die damit verbundene Isolation können beim bisherigen Ideenkiller eine heilsame Wirkung haben.

INFORMELLER FÜHRER

Ihre Führungsrolle ist optimal, wenn Sie das erforderliche, in die Breite gehende Fachwissen besitzen und Ihnen von Ihren Mitarbeitern persönliche Autorität zuerkannt wird.

Was geschieht aber, wenn Sie in den Augen der Mitarbeiter keine oder nur geringe fachliche und/oder persönliche Autorität besitzen? Regelmäßig werden hierdurch entstehende Freiräume von informellen Führern gefüllt. Neben der Führungskraft (= formeller Führer) bildet sich ein informeller Führer heraus, sodass ein ungewolltes Führungsduo entsteht. Damit ist Sand im Getriebe, weil nicht mehr in einem Guss geführt wird.

Während Sie dem Betrieb gegenüber für eine optimale Aufgabenerledigung verantwortlich sind, kann der informelle Führer diesen Gesichtspunkt vernachlässigen. Er kann sogar populäre Kontra-Positionen aufbauen und vertreten. Dadurch entsteht Konfliktpotenzial und für Sie wird es schwierig, sich in der Arbeitsgruppe durchzusetzen.

Der potenzielle Mitarbeiter, der die Rolle des informellen Führers ausfüllen kann, ist oft an einigen Charakteristika zu erkennen:

- Er meldet sich häufiger zu Wort als andere Gruppenmitglieder.
- Er kann sich mündlich besser ausdrücken als die meisten Gruppenmitglieder.
- Er spricht für die Gruppe („Wir sind der Meinung ...").
- Er fühlt sich für das Gruppengeschehen verantwortlich.
- Er wird von der Gruppe als Sprecher akzeptiert.
- Er beachtet – quasi als Vorbild – Gruppennormen (= ungeschriebene Untergrundgesetze nach dem Motto „Bei uns ist es üblich ... ") sehr genau.
- Er steht erkennbar im Vordergrund (Bedenken Sie dennoch, dass manchmal ein Wortführer in den Vordergrund tritt, während der informelle Führer als Drahtzieher im Hintergrund wirkt!).

Kollidieren die Interessen des informellen Führers mit Ihren Vorstellungen, kann Ihre Position vom informellen Führer untergraben werden, die Mitarbeiter widersetzen sich offen oder insgeheim Ihren Anordnungen.

Reaktionsmöglichkeiten

Als kluge Führungskraft versuchen Sie, die Einwirkungsmöglichkeiten des informellen Führers für die betrieblichen Zwecke nutzbar zu machen. Bekämpfen Sie ihn allerdings, solidarisieren sich vielfach die Gruppenmitglieder mit dem informellen Führer gegen

Sie. Da Sie mit diesem Zustand nicht leben können, bemühen Sie sich um eine Situationsverbesserung, indem Sie:

- eigene Sympathiehemmer erkennen, Kontakt aufbauen und mit dem informellen Führer sprechen (sich ihm keinesfalls verschließen),
- den informellen Führer informieren, in wichtige Problemstellungen einbeziehen und mitplanen lassen (aber keinesfalls mitentscheiden lassen – das Entscheiden ist und bleibt Ihre Führungsaufgabe!),
- den informellen Führer nicht vor der Gruppe bloßstellen (blamieren Sie ihn, müssen Sie mit unangenehmen Reaktionen rechnen, weil er sein Gesicht gegenüber seiner Klientel wahren will),
- sich bei unterschiedlichen Auffassungen intensiv um einen Konsens bemühen, damit der informelle Führer danach als Multiplikator dienen kann,
- bei Abweichungen die Folgen dieses Verhaltens mit dem informellen Führer besprechen (in menschlich einwandfreier Form wird ihm dargestellt, dass es nicht hingenommen werden kann, wenn Ihre Entscheidungen von ihm konterkariert werden),
- sich vom informellen Führer trennen, wenn dieser trotz vorangegangener ernsthafter Bemühungen im Sinne vorstehender Empfehlungen permanent die Oppositionsrolle einnimmt.

Da Sie sich nicht zum Teil eines Führungs-Duos degradieren lassen, werden Sie sich ohne Zögern um eine Situationsverbesserung bemühen, indem Sie die eigene Kompetenz im fachlichen und/oder persönlichen Bereich peu à peu steigern. Die generelle Empfehlung lautet:

Ändern Sie sich und die Verhältnisse werden sich in Ihrem Sinne ändern!

Sind schließlich Defizite ausgeräumt, haben die Mitarbeiter längst registriert und akzeptiert, dass neben Ihnen kein informeller Führer mehr das Zepter in der Hand halten muss. Leonardo da Vinci beobachtete:

WER ZUR QUELLE GEHEN KANN, GEHT NICHT ZUM WASSEREIMER.

INNERLICH GEKÜNDIGTER/DEMOTIVIERTER

Mit dem feststehenden Begriff „Innere Kündigung" werden die gezielte und bewusste Verweigerung des beruflichen Engagements und die Verringerung des Arbeitseinsatzes bis zu einem gerade noch vertretbaren Ausmaß bezeichnet. Bei einer inneren Kündigung hat sich der Berufstätige entschieden, nicht offiziell zu kündigen (es wird lediglich eine geheime psychologische Kündigung abgegeben), sondern dem Arbeitgeber als Minimalist die Treue zu halten.

Der Mitarbeiter
- ist körperlich zwar noch anwesend, hat aber den inneren Schongang eingelegt und sich vom Arbeitsgeschehen schon weitgehend abgenabelt,
- fährt nur noch mit angezogener Handbremse und hat für das von Arbeitgebern gewünschte Mantra „Gib Gas, gib Gas!" bestenfalls ein heimliches mitleidiges Lächeln übrig,
- spielt äußerlich zwar immer noch irgendwie mit, um keine arbeitsrechtlichen Sanktionen befürchten zu müssen. Tatsächlich ist er aber nur noch bereit, das unbedingt Notwendige zu tun, um nicht negativ aufzufallen.

Dieser Mitarbeiter betrachtet fortan seine Arbeit als den finanziell bedingten Verzicht auf Freizeit. Demzufolge sucht er folgerichtig seine Lebenserfüllung ausschließlich außerhalb seines Arbeitsplatzes.

Die Leistungszurückhaltung bei innerer Kündigung wird auch umschrieben als:
- freizeitorientierte Schonhaltung
- stiller Rückzug
- resignative Zufriedenheit
- Flucht in die Freizeit
- Selbstpensionierung
- innerer Vorruhestand
- mentale Verweigerung
- Dienst nach Vorschrift
- bewusster Selbstverzicht auf Engagement und Eigeninitiative
- Robinson-Methode (= montags Arbeitsposition einnehmen und auf Freitag warten)
- „Null Bock"-Grundhaltung

Nachstehende Signale weisen auf eine innere Kündigung hin:

- Dem Vorgesetzten wird kaum widersprochen, selbst wenn dies aus sachlichen Erwägungen erforderlich wäre. Man will nicht anecken, sondern seine Ruhe haben. Muss man aber Farbe bekennen, wird Widerspruch nur halbherzig angemeldet und schnell fallen gelassen, um der Auffassung des Vorgesetzten beizupflichten.
- Die mit dem Arbeitsplatz verbundenen Kompetenzen werden nicht mehr ausgeschöpft.
- Es ist kein Interesse an Auseinandersetzungen erkennbar, es herrscht Pseudoharmonie.
- Arbeitsleistung, Arbeitsqualität und Arbeitsvolumen sowie Einfallsreichtum und Kreativität vermindern sich. Es wird eine Minimalleistung abgeliefert, die gerade noch eine Fortsetzung des Arbeitsverhältnisses ohne Sanktionen ermöglicht.
- Betriebliche Fehlentwicklungen und Problemfelder werden nicht konstruktiv aufgegriffen und gelöst. An die Stelle konstruktiver Auseinandersetzungen treten Waffenstillstand und Sendepause.
- Über die normale Arbeitszeit hinaus opfert der Mitarbeiter für den Betrieb keine Minute seiner Freizeit. Die Bereitschaft sinkt, plötzlich erforderlich werdende Überstunden zu leisten.
- Man fühlt sich gerade noch für den eigenen Arbeitsplatz verantwortlich und ist nicht zur Hilfeleistung beim Auftreten ungewöhnlicher Situationen bereit.
- Gegenüber Kundenreklamationen herrscht Gleichgültigkeit.
- In Besprechungsrunden exponiert man sich nicht, sondern schließt sich regelmäßig der Mehrheit an. Es werden keine Vorschläge eingebracht, denn diese könnten Mehrarbeit nach sich ziehen.
- Mancher Mitarbeiter greift ohne Gewissensbisse jede günstige Gelegenheit zum Krankmelden auf.
- Während der Arbeitszeit werden private Dinge erledigt. Darüber hinaus werden Arbeitspausen ganz allmählich ausgedehnt.
- Das Interesse an Gemeinschaftsaktivitäten lässt spürbar nach.
- Ein allgemeines Desinteresse nach der Devise „Jeder ist sich selbst der Nächste" greift um sich.

Wenngleich diese Auflistung vermutlich noch um einige Indikatoren erweitert werden kann, stellt sie doch eine gute Grundlage für Ihre Analyse dar. Treffen mehrere Aspekte auf einen Mitarbeiter zu, ist die Wahrscheinlichkeit groß, dass ihn der zu bekämpfende Bazillus „Innere Kündigung" infiziert hat.

Fazit: Vom innerlich gekündigten Mitarbeiter ist kaum Widerspruch zu erwarten. Auf den ersten Blick ist er in seinem Auftreten loyal, pflegeleicht und zahm. Tatsächlich betrügt dieser Mitarbeiter seinen Arbeitgeber um den Teil seiner Arbeitskraft, der zwar honoriert wird, für den er aber nicht die geschuldete Gegenleistung erbringt!

Der innerlich gekündigte Mitarbeiter war einmal bereit, die Ärmel hochzukrempeln und sich aktiv und engagiert in das betriebliche Geschehen einzubringen. Doch unterschiedliche Ursachen stoppten den Elan und setzten den oft lautlosen Abschied über die Phasen Ärger – Resignation – Frustration bis zum passiven Betriebsstatisten in Gang.

Als Ursachen für innere Kündigung sind situationsbezogene (z. B. Arbeitsplatzgestaltung, häufiger Zeitdruck, umständliche Arbeitsabläufe) und persönliche Faktoren (z. B. mangelndes Leistungsvermögen, fehlendes Know-how) zu nennen. Diesen Problemfeldern wenden sich Vorgesetzte vorrangig zu. Sie suchen die Gründe für die Leistungszurückhaltung zumeist bei ihren Mitarbeitern und den betrieblichen/gesellschaftlichen Umständen. Allerdings übersehen sie, dass sie vielfach – zumeist unbeabsichtigt – mit ihrem Führungsverhalten als Störfaktoren und Erfolgsverhinderer einen entscheidenden Anteil an der inneren Kündigung haben. Denn das Engagement der Mitarbeiter hängt ganz wesentlich von der inneren Einstellung des Vorgesetzten zu seinen Mitarbeitern ab. Mit seinem Führungsstil prägt er das Klima innerhalb seines Wirkungskreises. Eine Beurteilung des Vorgesetzten könnte Ansatzpunkte für eine Optimierung des Führungsverhaltens liefern.

Reaktionsmöglichkeiten

Würden Sie vor der inneren Kündigung eines Mitarbeiters die Augen verschließen, hätte dies für das Unternehmen bedrohliche Folgen. Jetzt kommt es darauf an, in einem Gespräch die Energien des ehemals sehr produktiven Mitarbeiters zu reaktivieren und aus einem freiwillig ins Abseits Getretenen wieder einen ins Zentrum des Geschehens gerückten engagierten Mitarbeiter zu machen. So könnten Sie ein Aktivierungsgespräch beginnen:

> *Beispiel:*
> „Herr X, mir sind in letzter Zeit einige Dinge aufgefallen, über die ich in Ruhe mit Ihnen sprechen möchte (*es folgt die Darstellung Ihrer Beobachtungen*). Ich habe den Eindruck, dass Ihnen Ihre Arbeit keinen Spaß macht oder Ihr Aufgabengebiet Ihnen nicht mehr zusagt. Das finde ich sehr betrüblich, nicht nur für die Firma und für mich, sondern vor allem für Sie. Wenn ich mir vorstelle, dass Sie noch mehrere/viele Jahre ohne Freude mit eingeschränktem Einsatz Ihre tägliche Arbeitszeit absitzen und damit auch Ihre Lebensqualität vermindern, schaudert es mich. Vermutlich hat es in der Vergangenheit Dinge gegeben, die bei Ihnen Frustrationen auslösten. Möglicherweise habe ich selbst ungewollt hierzu beigetragen. Lassen Sie uns bitte darüber reden, damit ich das alles besser verstehen kann (*an dieser Stelle sollten Informationen vom Mitarbeiter eingeholt werden, ohne diese zu bewerten*).
>
> Nun, das Geschehene kann niemand mehr rückgängig machen. Schauen wir besser gemeinsam in die Zukunft. Was lässt sich aus Ihrer Sicht tun, damit Sie morgens gern zur Arbeit kommen und Ihnen Ihre Arbeit Freude bereitet?"

Mit dieser Einleitung wird das anstehende Problem klar und verständlich angesprochen. Zusätzlich werden auch Ihre Wünsche, Interessen und Ziele dargelegt. Da der Gesprächseinstieg persönlich und positiv gehalten ist, ermöglicht er eine vertrauensvolle und offene Kommunikation. Im weiteren Gesprächsverlauf werden Änderungsmöglichkeiten erörtert, von denen sich die Gesprächspartner eine Auflösung der inneren Kündigung erhoffen.

Sie sollen den Mitarbeiter aus dem freiwilligen Abseits herausholen und ihn veranlassen, sein Engagement für seine Arbeit wieder zu entdecken und mit neuem Leben zu füllen. Die folgenden Empfehlungen bieten Ihnen hierfür diverse Ansatzpunkte:

- Mitarbeiter als Partner betrachten
- Mitarbeitern vertrauen
- Mitarbeiter informieren
- Ziele vereinbaren
- fair und konstruktiv kontrollieren
- Leistungen anerkennen
- logisch und psychologisch treffend kritisieren
- Delegieren
- Mitarbeiterpotenzial fördern
- Konflikte sozialverträglich lösen helfen

Sie erhöhen bei richtigem Einsatz das Maß an Zufriedenheit, vergrößern die Arbeitsfreude und heben allmählich die innere Kündigung auf. Dem Mitarbeiter wird wieder bewusst, dass seine Arbeit ein wichtiger Bestandteil seines Lebens ist, seine positive Einstellung zur Berufstätigkeit auch auf die übrigen Lebensbereiche ausstrahlt und letztlich zur Erhöhung seiner Lebensqualität beiträgt.

INTRIGANT/GIFTSCHLANGE

Der Publizist Fritz Rinnhofer liefert eine treffende Beschreibung des Intriganten:

EIN INTRIGANT IST EIN BRANDSTIFTER, DER PERMANENT ZÜNDELT.

Ein Intrigant arbeitet hinterlistig und erfindungsreich mit vorsätzlich falschen Andeutungen oder Beschuldigungen, um dem Ruf eines Kollegen zu schaden und Vorteile für sich selbst herauszuschlagen. Selbst wenn seine Hinweise eine geringe Glaubwürdigkeit aufweisen, bleibt bei vielen Informationsempfängern doch irgendetwas hängen. Verfügt der Intrigant über keine ausgeprägten Stärken, nutzt er die Schwächen anderer Menschen für sich. Mit eindeutig zweideutigen Anspielungen lässt er manches im Ungewissen und weckt damit Zweifel bei Dritten. Er fahndet nach Achillesfersen seiner Kollegen, schnüffelt dabei auch gerne in deren Unterlagen und streut Gerüchte. Ihm kommt es vorrangig darauf an, den eigenen Aufstieg zu beschleunigen und sich selbst in ein gutes Licht zu rücken.

Nicht immer lässt sich eine Intrige (lat. intricare = in Verlegenheit bringen) sogleich erkennen, denn der Intrigant steuert seine fiesen Machenschaften vorrangig aus dem Hinterhalt und tarnt sich dabei häufig geschickt mit Freundlichkeit.

Reaktionsmöglichkeiten

Falls ein Mitarbeiter merkt, dass hinter seinem Rücken etwas vorgeht, sollte er von dem Intriganten eine direkte Antwort verlangen oder ihn öffentlich zur Rede stellen. Wird die Situation auf diese Weise bereinigt, ist Ihr Eingreifen nicht erforderlich. Erkennen Sie aber in Ihrem Bereich intrigante Machenschaften, bei denen ein Mitarbeiter die Konfrontation mit dem Intriganten nicht wagt, beobachten Sie die Situation nicht tatenlos. Zeigen Sie im Rahmen einer Mitarbeiterbesprechung unmissverständlich auf, dass es sich in Ihrem Zuständigkeitsbereich für niemanden lohnt, zu intrigieren. Zwar wird es kaum gelingen, Intrigantentum auf Dauer gänzlich auszumerzen, jedoch besteht die Möglichkeit, es wesentlich zu verringern und dadurch Reibungsverluste abzubauen.

Haben Sie einen Intriganten aufgrund festgestellter Fakten (Daten, Zeugen, Nebenumstände) ausfindig gemacht, werden Sie mit ihm ein Gespräch unter vier Augen führen und ihm verdeutlichen, dass er mit seinem hinterhältigen Verhalten gegen moralische Grundsätze verstößt und das Prinzip der kollegialen Zusammenarbeit missachtet. Außerdem werden Sie ihn nach den Beweggründen seines Handelns fragen, um mögliche ungelöste Konflikte zu erkennen, und bei deren Lösung zu helfen. Zumeist werden der Anonymität entrissene Intriganten ihre Versuche aufgeben, Unfrieden zu stiften. Stören sie jedoch weiterhin als notorische Sünder mit Intrigen die vertrauensvolle Zusammenarbeit, sollten Sie sich von ihnen zur Vermeidung weiteren Unheils so schnell wie möglich trennen. Damit bestätigen Sie eine Erkenntnis:

Freiwillig gewählte Einsamkeit ist besser als die Gesellschaft falscher Menschen!

Für Sie noch eine Empfehlung: Vermeiden Sie jeden privaten Kontakt zu einem Intriganten und führen Sie mit ihm auch keine vertraulichen Gespräche. Sie können nie wissen, ob dabei vermittelte Informationen nicht eines Tages gegen Sie verwendet werden.

JAMMERLAPPEN

Über jeden Missstand kann der Jammerlappen stundenlang lamentieren. Auftretende Probleme ordnet er als unüberwindbare Hindernisse ein. Er findet immer Gründe zum Jammern. Dabei sind die Auslöser teils berechtigt, teils aus der Luft gegriffen.

Nach dem Motto: „Wer jammert, den lässt man in Ruhe" stimmt der → Pseudo-Burn-out-Stratege ein permanentes Klagelied an, um sein Arbeitsvolumen ja nicht ausweiten zu müssen. Andere Mitarbeiter machen mit ihrer Jammerei auf unbefriedigte Bedürfnisse aufmerksam. Auch kann das Jammern als Gelegenheit genutzt werden, Beachtung und Zuneigung zu erhalten. Vielfach wird das Jammern zunächst als Ventil genutzt, um sich von vermeintlichen Problemen und Ärgernissen zu entlasten und zu befreien. Dabei wird aber übersehen, dass häufiges Jammern negative Begleiterscheinungen haben kann:

- Der Jammerer setzt sich selbst unter Stress und hat gute Chancen, depressiv zu werden.
- Das häufige Jammern breitet sich aus wie eine Seuche und zieht Kollegen herab, sodass sich diese Verstimmungen negativ auf das Betriebsklima und die Arbeitsergebnisse auswirken.
- Der Jammerer geht den Kollegen nach einiger Zeit auf die Nerven, sodass sie sich von ihm abwenden.
- Mit der Jammerei gehen keine Verbesserungen einher, man bleibt im Destruktiven, was den Blick nach vorn behindert und verzögert.
- Da bei einer negativen Grundstimmung die Stresshormone Adrenalin, Noradrenalin und Cortison ausgeschüttet werden, geht dies zulasten des Denkens und Lernens mit der Folge, dass der Jammerer sprichwörtlich dümmer wird.
- Ständiges Jammern erhöht die Vergesslichkeit. Forscher der Stanford University wiesen nach, dass ein Teil des Gehirns – der für unser Gedächtnis verantwortliche Hippocampus – bei ständiger Jammerei zu schrumpfen beginnt.

Übrigens: Die italienische Zeitung „La Stampa" berichtete, dass Papst Franziskus Nörglern den Zutritt zu seinem privaten Arbeitszimmer verboten hat. Er ließ ein Schild mit der Aufschrift „Kein Jammern" anbringen. Darauf steht auch, Jammerer sollten sich nicht in eine Opferrolle begeben, diese mindere die Laune und die Fähigkeit, Probleme zu lösen.

Der Jammerer kann daran arbeiten, sich aus seiner pessimistischen Sicht zu befreien, indem er beispielsweise

- Positives bewusst wahrnimmt und nicht als Selbstverständlichkeit betrachtet,
- Dinge akzeptiert, die er weder beeinflussen noch ändern kann und
- sich mit Dingen umgibt, die ihm Kraft spenden und seine Laune verbessern (z. B. Blumen, Bilder, Musik).

Reaktionsmöglichkeiten

Sie lassen sich auf keinen Fall von dem Gejammere des Mitarbeiters anstecken, das einen schlechten Einfluss auf das soziale Umfeld ausübt. Mit positiven Gedanken und Handlungen etablieren Sie vielmehr ein Kontrastprogramm, das ebenfalls ansteckend wirkt. Die Vorzüge Ihrer positiven Einstellung sollten schon bald dem Jammerer bewusst werden und zu einer Verhaltensänderung führen: Aufwertung des Selbstbewusstseins, Verstärkung der Gehirnaktivitäten, Erhöhung von Zuversicht und Gelassenheit, Akzeptanz und Anerkennung durch Dritte, Reduzierung der Ausschüttung von Stresshormonen.

Auf keinen Fall nutzen Sie den Weg des geringsten Widerstands, um das ständige Lamento eines Mitarbeiters zu beenden, indem Sie mit sachlich kaum begründbaren Zugeständnissen den Mitarbeiter zur Aufgabe seiner Jammerei zu bewegen versuchen. Würden Sie ihm eine Sonderstellung zugestehen, würden Sie von den übrigen Mitarbeitern Unverständnis und Missfallen ernten.

Statt die negative Stimmung mit Zuwendung oder Zugeständnissen zu belohnen, sollten Sie nervenstark entsprechende Bemerkungen permanent ignorieren. Erst wenn der Jammerlappen die Kollegen anzustecken droht, forschen Sie in einem Vier-Augen-Gespräch nach dem Grund seines Jammerns:

> *Beispiel:*
> „Ihr Verhalten signalisiert mir, dass irgendetwas bei Ihnen schiefläuft. Was belastet Sie so stark, dass es selbst Außenstehenden auffällt?"

Klagt der Mitarbeiter ständig über gesundheitliche Beeinträchtigungen, nehmen Sie sein Jammern ernst und reagieren:

- „Muss ich mir Ihretwegen ernsthaft Sorgen machen?"
- „Haben Sie mit Ihrem Arzt darüber gesprochen?"
- „Handelt es sich um eine vorübergehende Beeinträchtigung?"

Kontraproduktiv wären Hinweise wie:
- „Stellen Sie sich mal nicht so an."
- „Das ist doch alles nur halb so schlimm."
- „Was uns nicht umbringt, macht uns nur stark!"
- „Beißen Sie die Zähne zusammen. Das wird schon wieder…"

Beachten Sie hier auch die Hinweise zum → Hypochonder.

Ist das Problem erkannt, sollten eventuell Maßnahmen zur Situationsverbesserung folgen. Hiermit verbinden Sie die Aufforderung an den Mitarbeiter, das Jammern einzustellen und dafür den Blick mit positiver Grundtendenz in die Zukunft zu richten. Auch könnten Sie einen Deal ins Auge fassen, der die Realisierung eines erkannten Defizits in Aussicht stellt, wenn der Mitarbeiter sein Jammertal verlässt und durch konstruktive Verhaltensweisen ersetzt. Sie könnten bei einer vom Mitarbeiter ungeliebten Aufgabe beispielsweise formulieren:

> *Beispiel:*
> „Im Moment ist bei unserem Personalengpass eine veränderte Aufgabenübertragung nicht realisierbar. Ich unterstütze Sie aber gern, sobald die vakanten Stellen besetzt sind. Das setzt aber voraus, dass die Jammerei aufhört."

Sie werden auf die Erfüllung Ihres Angebots achten, wenn der Mitarbeiter seinen Teil des Deals erfüllt hat.

Bleibt es trotz Ihrer Bemühungen bei der ständigen Jammerei, müssen Sie eine Entscheidung treffen, ob eine weitere Zusammenarbeit überhaupt noch sinnvoll erscheint. Möglicherweise lassen sich Reaktionen auf → Chronische Miesmacher und Nörgler auch auf den Jammerlappen übertragen.

KLATSCHTANTE/TRATSCHMAUL

Soll das betriebliche Geschehen nicht durch Klatsch und Tratsch zu stark beeinflusst werden, sorgen Sie für eine „gläserne" Informationspolitik. Ihre Mitarbeiter benötigen Informationen, um in ihrem Arbeitsbereich besser entscheiden und zweckmäßig handeln zu können. Darüber hinaus besteht ein subjektives Informationsbedürfnis. So benötigen Ihre Mitarbeiter Informationen, um

- Kontakt zu anderen Menschen aufnehmen und aufrechterhalten zu können,
- das Bedürfnis nach Anregungen und die Neugierde zu befriedigen,
- sich vor unerwarteten Ereignissen sicher zu fühlen,
- Anerkennung für die eigene Person und die eigenen Leistungen zu erhalten.

Stellen Sie Ihren Mitarbeitern nicht rechtzeitig in dem erforderlichen Umfang Informationen zur Verfügung, zapfen diese informelle, inoffizielle Kanäle an. Gemeint sind ungeprüfte Informationen, Vermutungen, Befürchtungen und Ahnungen aus der Gerüchteküche („Flurfunk", „Buschfunk", „Kantinen-/Latrinenparolen") nach dem Motto: „Haben Sie schon gehört ...?"

Mit der unzureichenden Informationsversorgung Ihrer Mitarbeiter gehen Sie ein großes Risiko ein. Es besteht die Gefahr, lancierten Gerüchten aufzusitzen, die sich oft mit Überschallgeschwindigkeit (Motto: „Was drei Menschen zu wissen glauben, erfahren hundert andere.") ausbreiten und häufig eine besondere Zählebigkeit aufweisen.

Bei der Versorgung der Gerüchteküche mit Informationsmaterial tut sich die Klatschtante – es kann sich natürlich trotz des Begriffs auch um einen Kollegen handeln – besonders hervor. Diese lebende News-Börse lässt kaum einen Arbeitsplatz unbeachtet, sie scheint sogar das Gras wachsen zu hören. Das setzt eine ständige Präsenz und lückenlose Vernetzung mit dem betrieblichen Umfeld voraus.

So plaudert die Klatschtante gern einmal mit Kollegen, hält sich häufig in der Kaffeeküche oder am Kopierer auf, streunt über die Flure, macht zwischendurch ihren Rundgang durch die Abteilung („Na, was gibt's Neues?"), beobachtet neugierig das gesamte Treiben – sie scheint nur aus aufnahmebereiten Ohren zu bestehen. Demzufolge bleiben der Klatschtante tatsächliche oder angebliche Büro-News kaum verborgen. Anschließend werden diese teilweise banalen Neuigkeiten diskret – gelegentlich auch bewusst indiskret – und flächendeckend in Umlauf gebracht. Der eigenen Tätigkeit wird nur unzureichend Aufmerksamkeit geschenkt, denn die beiden Betätigungsfelder „Arbeitsplatz" und „Gerüchteküche" lassen sich auf Dauer nicht parallel zufriedenstellend betreuen.

Reaktionsmöglichkeiten

Generell sorgen Sie mit Ihrer offenen Informationspolitik dafür, dass sich im Unternehmen kein „gesunder“ Nährboden für Gerüchte und Spekulationen entwickelt. Dabei sind relevante Fakten, Transparenz und Offenheit Ihre besten Helfer. Das heißt, Sie werden Informationen aus der Gerüchteküche, die sich auch als heiße Luft erweisen können, nicht in Ihre Überlegungen einbeziehen oder auch nur andeutungsweise weitergeben. Gelegentlich schlagen Vorgesetzte diese Empfehlung in den Wind und zapfen besonders mitteilsame Mitarbeiter an, um frühzeitig zu erfahren, was so alles unter der Oberfläche brodelt oder um sich rechtzeitig gegen befürchtete Intrigen oder Verschwörungen wappnen zu können („Was erregt die Gemüter?“, „Was erzählt man sich Neues?“).

Im Umgang mit einer Klatschtante sollten Sie besonders vorsichtig sein und auf Distanz achten. Ein spanisches Sprichwort sagt:

WER AUCH IMMER DIR KLATSCH ERZÄHLT, ERZÄHLT AUCH KLATSCH ÜBER DICH.

Ungünstig wäre es, über Privates (z. B. Gesundheits- oder Beziehungsprobleme) oder berufliche Probleme, die Ihnen auf der Seele brennen, zu sprechen. Wie schnell könnten diese kleinen Informationen zu einer Sensationsstory im Boulevardblatt-Stil aufgebauscht und verfälscht werden, die sich dann im Handumdrehen wie ein Lauffeuer im Unternehmen verbreiten.

Mitarbeiter werden für eine ordentliche Erledigung der ihnen übertragenen Aufgaben bezahlt, nicht aber für ihre auf das Betriebsgeschehen gerichteten großen Ohren. Die Klatschtante nutzt ohne schlechtes Gewissen die eigene Arbeitszeit für ihre Tratscherei und geht dabei auch nicht pfleglich mit der Zeit der Kollegen um. Ihr Eingreifen ist unumgänglich und Sie sprechen die Klatschtante an:

Beispiel:
„Herr X, Sie sind ein sehr kommunikativer Mitarbeiter, was grundsätzlich zu begrüßen ist. Wie ich aber in letzter Zeit mehrfach beobachten konnte, nutzen Sie einen großen Teil Ihrer Arbeitszeit, um Informationen jedweder Art zu erfahren und weiterzugeben. So befinden Sie sich häufig auf einer sachlich nicht begründbaren Wanderschaft in unserer Abteilung. Durch Ihre Gespräche geht kostbare Arbeitszeit verloren – für Sie und auch die Kollegen. Setzen Sie dieses Verhalten fort, gerät Ihre Aufgabenerledigung zur Nebensache, was ich als Ihr Vorgesetzter keinesfalls akzeptieren kann. Mir ist auch schon der Gedanke gekommen, dass Sie gegenwärtig mit Ihren Aufgaben nicht in vollem Umfang ausgelastet sind. Ich werde mir überlegen, ob ich Ihnen nicht mit einer zusätzlichen Aufgabenübertragung helfen kann, den gesamten Arbeitstag produktiv auszufüllen. Was meinen Sie dazu?“

Aber: Unterscheiden Sie zwischen der Vorgehensweise einer Klatschtante und dem kleinen Schwatz unter Kollegen.

Ein Beispiel: An einem Montag unterhalten sich fünf Minuten nach Arbeitsbeginn mehrere Mitarbeiter auf dem Flur über die Bundesliga-Ergebnisse vom Wochenende. Diese Unterhaltung wird vom plötzlich erscheinenden Vorgesetzten unter Hinweis auf die bereits begonnene Arbeitszeit abrupt beendet. – Dieses Vorgesetztenverhalten war nicht besonders klug. Hätte sich der Vorgesetzte besser drei Minuten dazugestellt, auf gleichberechtigter Ebene einige Sätze von sich gegeben und dann gesagt: „So, ich glaube, wir müssen wieder …", wären alle zufrieden an ihren Arbeitsplatz gegangen. So aber jagte er die Mitarbeiter auseinander, die dann in Abwesenheit des Vorgesetzten bei nächstbester Gelegenheit ihre Spielanalyse fortsetzten und sich zudem noch über ihren „unmöglichen" Vorgesetzten aufregten.

Solange diese, der Sozialhygiene eines Betriebs dienenden gelegentlichen Schwätzchen nicht ausufern, sollten Sie nicht einschreiten. Schließlich sind Menschen soziale Wesen und keine Roboter. Erst wenn diese informellen Gespräche ein akzeptables Maß überschreiten, werden Sie eine Reduzierung anmahnen.

KONTROLLFREAK

Die Kontrolle zählt zu den unverzichtbaren Führungsaufgaben eines Vorgesetzten. Einer Ihrer Mitarbeiter mit Personalverantwortung widmet sich intensiv dieser Führungsaufgabe. Möglicherweise betrachtet er die Kontrolle als Überwachungs-, Disziplinierungs- oder Bestrafungsinstrument. Vielleicht dient sie ihm auch als Machtmittel oder Blitzableiter. Insgesamt vertritt er den uralten Standpunkt:

DAS AUGE DES HERRN MACHT DIE KÜHE FETT.

Mitarbeiter lehnen diese eher autoritär geprägten Zielvorstellungen ab. Sie empfinden derartige Kontrollen als unangenehm, bevormundend, entwürdigend, beleidigend und werten sie als Zeichen von Misstrauen. Besonders Totalkontrollen fordern zum Widerstand heraus. Diese sollten nur auf Ausnahmefälle beschränkt bleiben, die auf die Art der Arbeit (z. B. bei besonders risikobehafteten Arbeiten wie Instandsetzungsarbeiten an Flugzeugen oder Kfz-Bremsen, beim Packen von Fallschirmen oder beim Fehlen jeglicher Erfahrungswerte) und den Stand der Einarbeitung des Mitarbeiters auszurichten sind.

Mancher Mitarbeiter arrangiert sich mit der Totalkontrolle: Da der Chef doch sowieso alles kontrolliert, lässt sich die Verantwortung für fehlerfreies Arbeiten leicht auf ihn abwälzen. Schließlich sucht der nach Fehlern und findet sie auch. Abgesehen von gelegentlichem Ärger mit dem Vorgesetzten ist man „fein raus".

Wir erkennen, dass Totalkontrollen zu Unselbstständigkeit und Sorglosigkeit führen können. Diese Arbeitsfreude und Eigeninitiative tötende Form der Überwachung beinhaltet bei jeder Führungskraft eine starke physische und zeitliche Belastung und führt häufig zu Verzögerungen und Störungen im Betriebsablauf. Im Extremfall lässt sich ein Betrieb auch zu Tode kontrollieren!

Werden hingegen mit Kontrollen ausschließlich Ergebnisverbesserungen angestrebt, nehmen Mitarbeiter das Kontrollieren als sachbezogene Aufgabe wahr, die hilft, die Funktionsfähigkeit des Unternehmens zu erhalten.

Reaktionsmöglichkeiten

Sie wirken auf Ihren kontrollsüchtigen Mitarbeiter ein, Totalkontrollen nur noch auf Ausnahmesituationen zu beschränken. Dafür legen Sie ihm ans Herz, mithilfe von Stichproben die Aufgabenerledigung zu kontrollieren und damit sicherzustellen, dass die einzelnen Stadien und gewünschten Ergebnisse in der richtigen Form und zur richtigen Zeit erreicht werden. Dabei steht noch ausreichend Zeit zur Verfügung, während des Arbeitsprozesses erkannte Probleme durch rechtzeitige korrigierende Maßnahmen zu beeinflussen. Stichprobenkontrollen kommt die Funktion eines Frühwarnsystems zu. Sie gelten als ausreichende Sicherungen gegen Fehlschläge, wenn sie an den strategischen Kontrollpunkten vorgesehen werden.

Der Kontrollfreak sollte seine besondere Aufmerksamkeit den strategischen Kontrollpunkten schenken, nämlich solchen Punkten, an denen

- nach bisherigen Erfahrungen der Mitarbeiter immer wieder Schwächen erkennen lässt,
- erfahrungsgemäß besonders häufig Probleme/Störungen auftreten,
- Fehler zu weiteren Fehlern oder Abweichungen führen können (Beispiel: Flüchtigkeitsfehler in der Annahme von Reparaturaufträgen, die zu unnötigen oder falschen Arbeiten in der Werkstatt führen) oder
- unter Zeitdruck stehende Arbeiten spätestens begonnen werden müssen, um sie termingerecht abschließen zu können.

Sie werden es nicht bei informativen und aufmunternden Worten belassen, sondern durch eigene Beobachtungen die Umsetzung Ihrer Empfehlungen durch den Mitarbeiter im Auge behalten.

LEISTUNGSSCHWACHER/MINDERLEISTER

Es gibt nur wenige Vorgesetzte, die nicht über einem „Problemfall" in ihrem Zuständigkeitsbereich klagen. Als Problemfall werden Mitarbeiter eingeordnet, die es nach Auffassung der Führungskraft „nicht bringen", „nicht packen", „nicht schaffen", also zu den „schwachen Kandidaten", „fußkranken Losern", „low performern" oder „hoffnungslosen Fällen" zählen.

Als typische Ursachen für Leistungsminderung kommen insbesondere folgende Umstände in Betracht:

- Von Beginn an fehlte die fachliche oder charakterliche Eignung für die vorgesehene Tätigkeit.
- Der Mitarbeiter sitzt auf einer nicht eignungsgerechten Stelle.
- Das Aufgabenspektrum hat sich im Laufe der Zeit erweitert, wobei der Mitarbeiter nicht mitwuchs.
- Die Arbeitsabläufe und Kommunikationsstrukturen wurden verändert.
- Die persönliche Chemie zwischen Chef und Mitarbeiter hat sich gewandelt.
- Gesundheitliche Probleme beeinträchtigen die Arbeitsleistung.
- Der Mitarbeiter ist wegen seiner mangelnden Veränderungsbereitschaft in Routinen gefangen.

Reaktionsmöglichkeiten

1. Blickwinkel verändern

Dem Klageführer ist dringend ans Herz zu legen, sich nicht an seiner negativen Einschätzung „festzubeißen", sondern sich stattdessen von seiner Schwarzseherei zu trennen. Um mit dem Ablegen vorhandener Scheuklappen zu beginnen, könnte es helfen, in einer ruhigen Viertelstunde zehn Stärken des in die negative Ecke gestellten Mitarbeiters zu notieren. Möglicherweise bedeutet diese Aufgabe für den Vorgesetzten ein hartes Stück Arbeit – aber diese Arbeit wird Früchte tragen: Schnell wird er bemerken, dass er nach dieser leichten Veränderung des Blickwinkels eher zu einer Revision seiner negativen Einschätzung bereit ist. Plötzlich erkennt er, dass auch der „schwache" Mitarbeiter Schokoladenseiten hat, die für die tägliche Aufgabenerledigung und Zusammenarbeit Gewinn bringend genutzt werden können.

Bei einem Leistungsträger wäre diese Übung vermutlich völlig anders verlaufen und die Führungskraft könnte vermutlich kaum so schnell schreiben, wie ihr Stärken des

Mitarbeiters einfielen. Doch nach dieser, vermutlich gründliche Überlegungen erfordernden Vorarbeit, sollte der Vorgesetzte zur Tat schreiten.

2. Mitarbeiter in Ruhe ansprechen

Statt sich weiter über die unzureichenden Leistungen des Mitarbeiters zu ärgern, wird der Vorgesetzte den Status quo aufgeben und seinen Mitarbeiter ohne drohenden Zeigefinger, aber unter Nennung konkreter Beobachtungen auf sein vermindertes Leistungsverhalten ansprechen.

3. Gemeinsame Analyse der Ursachen für die Leistungsschwäche

Im Vorfeld anvisierter Verbesserungen ist zunächst eine Ist-Analyse vorzunehmen. Es sollen die Aspekte ans Tageslicht gefördert werden, die zu den schwachen Leistungen maßgeblich beitrugen. Schuldzuweisungen des Vorgesetzten oder ein „Blick zurück im Zorn" sollten unbedingt unterbleiben.

Nach seinem gedanklichen Fahrplan sollte der Vorgesetzte in dieser Gesprächsphase sechs Fragen gemeinsam mit dem Mitarbeiter erörtern:

- Ist für schwache Leistungen ein **Weiß-nicht-Problem** ursächlich?
- Ist für schwache Leistungen ein **Kann-nicht-Problem** ursächlich?
- Ist für schwache Leistungen ein **Will-nicht-Problem** ursächlich?
- Ist für schwache Leistungen ein **Darf-nicht-Problem** ursächlich?
- Ist für schwache Leistungen ein **privates/persönliches Problem** ursächlich?
- Ist für schwache Leistungen ein **kombiniertes Problem** ursächlich?

Der bisher zwischen den Gesprächspartnern vorhandene Nebel beginnt sich aufzulösen, anfängliche durch Unlustgefühle bewirkte Blockaden werden beiseitegeräumt. Stattdessen treten die Ursachen, die zu der verfahrenen Situation geführt haben, zu Tage. Nun können Maßnahmen ins Auge gefasst werden, die eine nachhaltige Verbesserung herbeiführen sollen.

4. Gemeinsames Festlegen von konkreten Maßnahmen zur Leistungsverbesserung

Bei einem **Weiß-nicht-Problem** ist zunächst an Schulungen zu denken. Neben Seminaren an betriebsinternen oder -externen Einrichtungen ist auch das regelmäßig kostengünstigere Learning by doing (z. B. in Form von Projektarbeit, Sonderaufträge, Übertragung von Aufgaben, Kompetenzen und Verantwortung im Rahmen der Delegation) zu beachten. Darüber hinaus werden künftig Paten-/Mentorsysteme, Coaching sowie E-Learning einschließlich Blended Learning an Bedeutung gewinnen.

Während der informierte Mitarbeiter sich an Problemlösungen beteiligen kann, hat der uninformierte Mitarbeiter bei jedem Lösungsversuch ein Problem: Unwissenheit durch fehlende Informationen. Schon die Bereitstellung bzw. der Hinweis auf wesentliche Informationen kann ein Weiß-nicht-Problem lösen.

Das **Kann-nicht-Problem** wird offenkundig, wenn das erforderliche Wissen zwar vorhanden ist, aber nicht oder nur fehlerhaft in die Praxis umgesetzt wird. Oft mangelt es hier an praktischer Übung und Erfahrung. Hier helfen Trainingsmaßnahmen, in denen das gewünschte Verhalten regelmäßig und systematisch geübt wird.

Beim **Will-nicht-Problem** begegnet uns ein wissender und könnender Mitarbeiter, der gegenwärtig für seinen Aufgabenbereich nicht die erforderliche Motivation aufweist. Um ihn aus der Unlust zu befreien, sind die Fähigkeiten des Vorgesetzten als Motivator gefragt.

Ein **Darf-nicht-Problem** beschneidet den Mitarbeiter in seinen Handlungsmöglichkeiten. Speziell der als leistungsschwach eingestufte Mitarbeiter sieht sich mit einem ihn beinahe entmündigenden Führungsstil seines Vorgesetzten konfrontiert. Ihm werden Kompetenzen aberkannt, er wird von interessanten und fordernden Arbeiten ausgenommen, Unterschrifts- und Vertretungsbefugnisse werden widerrufen usw. Die Aufhebung dieser diskriminierenden Einengungen beseitigt demotivierende Darf-nicht-Probleme.

Private oder persönliche Probleme stellen regelmäßig einen eklatanten Störfaktor dar, der zunehmend belastet und die Lebensqualität des Betroffenen vermindert. Ob wir es uns wünschen oder nicht: Wir können unsere Sorgen nicht morgens an der Firmenpforte abgeben, genau wie sich betriebliche Probleme nicht gänzlich aus der Freizeit verbannen lassen. Ungewollt beschäftigen wir uns am Arbeitsplatz immer wieder mit den nicht gelösten Problemen, sodass die Konzentration leidet, sich Fehler häufen und Leistungsfähigkeit und -bereitschaft vermindert werden.

Oft leisten Sie bereits mit einer vertrauensvollen Gesprächsführung die erste Hilfestellung. Erkennen Sie beispielsweise, dass ein Mitarbeiter mit einem schwerwiegenden Problem zu kämpfen hat, das den Grund für eine verminderte Arbeitsleistung bildet, vereinbaren Sie mit ihm eine Schonfrist:

Beispiel:
„Herr X, bei Ihrer schwierigen Situation würde ich es als sinnvoll empfinden, wenn Sie einen Monat lang im Betrieb kürzertreten würden. Was halten Sie davon, die Aufgaben … nur vorübergehend an … abzugeben. Ich könnte in dieser Zeit auch über verstärkte Kontrollen mögliche Fehlerquellen bei … erkennen. Nach dieser Schonzeit würden diese flankierenden Maßnahmen wieder entfallen und Sie könnten wieder volle Leistung bringen."

Nach dem Gespräch können Sie besser nachvollziehen, welche Gründe die schwachen Leistungen tatsächlich bewirken. Jetzt vermeiden Sie alles, was einen zusätzlichen Druck auf den Mitarbeiter ausüben und dessen Problemlage verschärfen würde.

Achten Sie aber darauf, sich nicht von einem Mitarbeiter permanent als emotionalen Mülleimer missbrauchen zu lassen.

Bei **kombinierten Problemen** sind die Lösungsansätze der vorgenannten Problemarten zu verknüpfen.

Wurden Verbesserungswege erörtert und Konkretes besprochen, gibt es für Sie keinen Grund mehr, dem Mitarbeiter mit negativen Gefühlen zu begegnen. Weiter über längst vergossene Milch zu lamentieren, wäre unangebracht und kontraproduktiv! Spätestens jetzt sollten Sie von Ihren früheren Frustrationen ablassen!

Sollte sich für die Beteiligten ein Handlungsbedarf ergeben, ist dieser unmissverständlich zu bezeichnen und auf eine zeitnahe Umsetzung zu dringen.

Stellt sich nach diesem Gespräch keine Besserung ein und erweist sich der Mitarbeiter gegenüber Ihren Bemühungen resistent, kann dem Arbeitnehmer nicht ohne Weiteres gekündigt werden.

Der Arbeitnehmer schuldet nach dem Arbeitsvertrag lediglich seine Arbeitsleistung, keinen bestimmten Arbeitserfolg. Seine Arbeitsleistung muss er allerdings so gut erbringen, wie er kann. Erst wenn der Mitarbeiter eine geringe Leistung bringt und seine Arbeit dauerhaft und erheblich unter dem Durchschnitt der Kollegen liegt (= etwa ein Drittel unter einem ermittelten Durchschnittswert), kann eine verhaltens- oder personenbedingte Kündigung gerechtfertigt sein. In der Praxis besteht häufig die Schwierigkeit darzulegen, wann ein Mitarbeiter als leistungsschwach einzustufen ist. Denn nicht jede unterdurchschnittliche Leistung rechtfertigt sogleich eine Kündigung.

Die arbeitsrechtlichen Hürden für die Kündigung des Arbeitsverhältnisses eines Leistungsschwachen/Minderleisters sind hoch, da die meisten Arbeitgeber nicht über ein schlüssiges Zahlenmaterial verfügen, um eine Schlechtleistung belegen zu können. Daher lässt sich eine Kündigung zumeist nur schwer durchsetzen. Ein juristisch exaktes Vorgehen erfordert ein umfangreiches Spezialwissen, das eher von Arbeitsrechtlern eingebracht werden kann.

Die bessere Alternative für die Arbeitgeberseite ist eine Trennung durch Abschluss eines Auflösungsvertrags einschließlich Abfindung für den Mitarbeiter. Jedoch fällt diese Maßnahme manchen Betrieben schwer, insbesondere wenn der leistungsschwache Mitarbeiter dem Betrieb schon lange Zeit angehört. So ist beispielsweise zu hören: „Die Abfindung sparen wir uns. Die drei Jahre bis zu seinem Renteneintritt stehen wir auch noch durch." Tatsächlich wäre die Investition in eine Abfindung vielfach günstiger als ein weiteres Mitschleifen des Minderleisters für die nächsten Jahre. Dieser sieht in seiner weiteren Firmenzugehörigkeit (bis auf das regelmäßige Einkommen) keinerlei Perspektive und wird als Frustrierter möglicherweise zum potenziellen Unruheherd. Auch wird sich mancher Kollege fragen, warum er die volle Leistung bringen soll, während der Minderleister mit halbem Einsatz den gleichen Lohn erhält, was zu negativen Auswirkungen auf die Arbeitsmoral der Kollegen führen kann.

LÜGNER

Obwohl es sich herumgesprochen haben sollte, dass Lügen kurze Beine haben, begegnen uns Menschen, die schummeln, erfinden, verfälschen, vernebeln, vertuschen, tricksen und lügen, dass sich die Balken biegen. Ohne schlechtes Gewissen tischen notorische Lügner ihrer Umgebung die tollsten Storys auf, was es schwierig macht, zwischen Lügen und Wahrheit zu unterscheiden. Schnell entsteht bei Kollegen die Meinung: „Der lügt, wenn er den Mund aufmacht."

Oft wird zum Vorteil des Lügners oder zum Nachteil einer anderen Person gelogen. Mit Lügen wird vertuscht, was etwa durch eigenes Zutun schiefgelaufen ist. Statt hierfür die Verantwortung zu übernehmen und für die Zukunft eine Verbesserung zu erzielen, wird geflunkert und zum Mittel der bewussten Täuschung gegriffen.

Forscher der britischen Keele Universität fanden heraus, dass Erwachsene täglich bis zu 200 Mal lügen, wobei beiläufige Flunkereien und Unwahrheiten, die aus Höflichkeit oder Rücksichtnahme (z. B. wahrheitswidrige Antworten auf Fragen „Wie geht`s?" oder „Alles im grünen Bereich?") leicht über die Lippen gehen, mitgezählt wurden. Diese kleinen Lügen beugen schlechten Stimmungen und Aggressionen vor und schaffen die Grundlage für ein harmonisches Miteinander.

Im betrieblichen Umgang lehnen wir gezielte Falschaussagen allerdings ab und versuchen, diese einzugrenzen. Da Mitarbeiter nicht über Pinocchio-Nasen verfügen, sind hier Ihre Beobachtungsgabe, Intuition und Menschenkenntnis gefragt. Der Lügner steht im Moment der Falschaussage unter Stress und schüttet aus Angst vor Entlarvung und Konsequenzen Stresshormone aus, die zu veränderten körpersprachlichen Signalen führen. Diese Abweichungen zum normalen Verhalten des Lügners gilt es zu erkennen:

Während der Lügner den Eindruck von Sicherheit über körpersprachliche Signale zu erzeugen versucht, röten sich seine Wangen, seine Stimme beginnt zu zittern, wird höher oder lässt kleine Abweichungen erkennen, während Verlegenheitsgesten wie Kratzen am Kopf, Finger am Mund oder fahrige Handbewegungen zunehmen. Auch ein fehlender oder unsteter, hektischer Blickkontakt sowie häufiges Blinzeln werden unsere Aufmerksamkeit schärfen. Gehen Gestik und Mimik dem gesprochenen Wort um Sekundenbruchteile voraus, können wir eher mit wahrheitsgemäßen Aussagen rechnen, während verspätet einsetzende Gestik und Mimik für Lügner charakteristisch sind.

Reaktionsmöglichkeiten

Erkennen Sie, dass ein Mitarbeiter zu flunkern beginnt, gehen bei Ihnen die Warnlichter an. Sicher erinnern Sie sich des Sprichworts „Wer einmal lügt, dem glaubt man nicht, auch wenn er dann die Wahrheit spricht." Selbst geringe Abweichungen von der Wahrheit sind problematisch. Albert Einstein schrieb:

MENSCHEN, DIE IN KLEINEN DINGEN ACHTLOS MIT DER WAHRHEIT UMGEHEN, KANN MAN BEI WICHTIGEN DINGEN NICHT VERTRAUEN.

Ertappen Sie einen notorischen Lügner, praktizieren Sie eine Null-Toleranz-Taktik, denn für eine vertrauensvolle Zusammenarbeit müssen Sie sich auf Ihre Mitarbeiter verlassen können. Zumeist wird sich der Lügner in Ausreden und Ausschweifungen flüchten in der Hoffnung, noch mit heiler Haut die brenzlige Situation zu überstehen. Statt auf seine Täuschungsmanöver einzugehen, entlarven Sie mit konsequenten Rückfragen die erkannte Unredlichkeit:

- „Welche Beweise stützen Ihre Aussagen?"
- „Woher nehmen Sie die Sicherheit, dass Ihre Aussagen den tatsächlichen Gegebenheiten entsprechen?"
- „Ich verfüge über entgegengesetzte Erkenntnisse und zwar ... Wie soll ich unter diesen Umständen Ihre Information einordnen?"
- „Nennen Sie bitte konkret Ihre Informationsquellen."

Häufen sich die Vorfälle, in denen sich der Mitarbeiter als unehrliche Haut erwiesen hat, ist eine vertrauensvolle Zusammenarbeit unmöglich, sodass Sie mit arbeitsrechtlichen Schritten dem Fehlverhalten des Lügners begegnen.

Würden Sie Lügen nicht zur Kenntnis nehmen, könnte eine Lügen-Lawine über Sie hereinbrechen, denn zumeist ziehen Lügen weitere Lügen nach sich: Der Lügner wird sich künftig mit weiteren Unwahrheiten nicht zurückhalten, weil er weiß, dass er ungestraft agieren kann. Erkennen das die Kollegen, sinkt deren Hemmschwelle zum Lügen und sie bleiben künftig auch nicht bei der Wahrheit.

Ein weiterer Aspekt ist für Vorgesetzte interessant: Lassen Sie sich von Mitarbeitern ein X für ein U vormachen, leidet Ihre Autorität. Als Vorgesetzter haben Sie sich in den Augen der Mitarbeiter etwas vormachen lassen, was Ihrer Reputation schadet. Wie kann man einer Führungskraft persönliche Autorität zugestehen, die sich von Mitarbeitern hinters Licht führen lässt?

Ein Sonderfall: Hat ein Mitarbeiter in seinen Bewerbungsunterlagen falsche Angaben gemacht und erkennen Sie das erst nach seiner Einstellung, können Sie prinzipiell umgehend kündigen oder mit der Anfechtung des Arbeitsvertrags eine sofortige Beendigung des Arbeitsverhältnisses erreichen. Wichtig ist, dass sich beweisen lässt, dass der Mitarbeiter nur aufgrund der gefälschten Unterlagen oder Angaben den Arbeitsplatz erhalten hat. Die Täuschung muss demnach einen Aspekt betreffen, der bei der Einstellung eine wesentliche Rolle gespielt hat.

MISSTRAUISCHER

Misstrauische Menschen unterstellen ihren Mitmenschen, sie nur hereinlegen und ausnutzen zu wollen, sie unfair zu behandeln und auf den eigenen Vorteil bedacht zu sein. Bietet ein Kollege freiwillig seine Hilfe an, argwöhnt der Misstrauische, der Kollege wolle ihn in ein schlechtes Licht setzen, weil er seine Arbeit nicht allein bewältige. Findet ein Vorgesetzter nach einer guten Leistung anerkennende Worte für den misstrauischen Mitarbeiter, denkt dieser: „Vorsicht, das ist doch nicht ehrlich gemeint, der will doch bestimmt etwas von mir."

Je mehr schlechte Erfahrungen ein Mensch in seinem Leben gemacht hat, umso stärker wächst das Misstrauen. Ein starkes Misstrauen lässt ihn übervorsichtig und ängstlich agieren und in einer ständigen Habachtstellung verharren. Je stärker der Misstrauische in anderen Personen potenzielle Feinde erblickt, umso mehr leiden zwischenmenschliche Beziehungen. Sein Misstrauen vermittelt ihm die Erfahrung, dass er anderen Menschen tatsächlich nicht trauen kann. Er sieht, erlebt und spürt all das, was er an Negativem erwartet und mit dem er rechnet. Psychologen sprechen dann von sich selbsterfüllenden Prophezeiungen.

Lebt der Misstrauische unter dem Motto: „Vertraue niemandem! Selbst der Teufel war einmal ein Engel", glaubt er, sein Leben besser meistern zu können, indem er anderen Menschen misstraut und nur sich selbst vertraut. Demgegenüber erkannte Lord Byron:

MISSTRAUEN IST EINE SCHLECHTE RÜSTUNG,
DIE MEHR HINDERN ALS SCHIRMEN KANN.

Tatsächlich vermindert das Misstrauen die Lebensqualität und bildet den Nährboden für ein unglückliches Leben.

Der Misstrauische zeichnet sich beispielsweise durch folgende Verhaltensweisen aus:

- Obwohl alle Fakten bekannt sind, fragt er noch einmal nach und noch einmal und noch einmal ...
- Mündlichen Informationen und Weisungen steht er reserviert gegenüber und wünscht sich dafür Schriftliches.
- Er neigt zur Rückdelegation, weil er mit der Delegation Negatives auf sich zukommen sieht.
- Bei Besprechungen stehen ihm regelmäßig Zweifel und Skepsis ins Gesicht geschrieben.

Reaktionsmöglichkeiten

Sowohl Misstrauen als auch Vertrauen sind Resultate gemachter Lebenserfahrungen. Es besteht die Chance, Misstrauen nach gewonnenen positiven Erfahrungen abzubauen und durch Vertrauen zu ersetzen. Hier sind Sie als Vorgesetzter gefordert.

Vertrauen ersetzt in unsicheren Situationen das Wissen und gibt uns Halt. Führen gegenseitiges Verstehen und frühere Handlungen zum Aufbau von Vertrauen, kann es als Grundlage des sozialen Zusammenhalts bezeichnet werden – als der „Treibstoff", der die soziale Welt am Laufen hält.

Vertrauen Sie Ihren Mitarbeitern, nehmen Sie das Risiko in Kauf, durch gelegentliche Enttäuschungen verletzt zu werden. Manche Führungskräfte meiden dieses Risiko und handeln lieber nach der Devise „Der Mitarbeiter soll sich zunächst mein Vertrauen verdienen, erst dann bin ich bereit, ihm Vertrauen zu schenken". Erst eine längere gute Zusammenarbeit ist hiernach die Voraussetzung für einen Vertrauensaufbau. Bis dieses positive Ergebnis eintritt, behält eine gehörige Portion Vorsicht, Skepsis und Misstrauen die Oberhand.

Besser ist es, bewusst in Vorleistung zu gehen und beispielsweise auch einem neuen Mitarbeiter Ihr Vertrauen in seine Leistungsfähigkeit und -bereitschaft zu bekunden. Damit legen Sie den Grundstein für eine Kultur des Vertrauens, die von Mitarbeitern positiv zur Kenntnis genommen wird. Auch für Sie selbst hat eine gelebte Kultur des Vertrauens eine besondere Bedeutung: Die gefühlsmäßigen Begleiterscheinungen des Vertrauens sind für uns sehr viel angenehmer als die des Misstrauens. Die Folge: Im Normalfall steigt unsere Lebensqualität!

Halten Sie mit Ihrem Vertrauen nicht hinter dem Berg, sondern äußern Sie es auch. Statt: „Kümmern Sie sich bitte um diesen wichtigen Kunden!" formulieren Sie motivierend: „Ich setze mein volles Vertrauen in Sie, dass Sie diesen wichtigen Kunden bewegen, auch künftig mit uns zusammenzuarbeiten."

Übrigens: Das lateinische „Do ut des" („Ich gebe, damit du gibst") stellt einen Grundsatz sozialen Verhaltens dar. Hat uns jemand eine Gefälligkeit erwiesen, fühlen wir uns verpflichtet, wollen uns für die Gefälligkeit revanchieren und suchen einen Ausgleich. Schenkt uns ein Mensch sein ehrliches Vertrauen – kein als Zweckmanöver vorgegaukeltes – fühlen wir uns genötigt, uns des entgegengebrachten Vertrauens würdig zu erweisen und unser Gegenüber nicht zu enttäuschen. Dabei fühlen wir uns gehemmt, entgegengebrachtes Vertrauen auszunutzen („Beißhemmung"). Auch sind wir eher bereit, bisheriges argwöhnisches Verhalten zugunsten von Vertrauen zu revidieren.

Ersetzen Sie also Misstrauen durch die verpflichtende Kraft des Vertrauens. Auch hier gilt die Lebensweisheit: Ohne Einsatz kein Gewinn! Aber aufgepasst: Selbst wenn Sie auf Ihre Mitarbeiter mit einem großen Vertrauensvorschuss zugehen, sollten Sie nicht so blauäugig sein, ihnen ein „blindes Vertrauen" entgegenzubringen. Blindes Vertrauen blendet jegliches Misstrauen und damit jede Vorsicht aus. Es führt zu Konflikten und Enttäuschungen, die unausweichlich sind, denn kein Mensch arbeitet auf Dauer fehlerfrei. Hier kommt Ihre nicht delegierbare Führungsaufgabe Kontrolle ins Spiel.

Soll das Misstrauen vermindert und durch Vertrauen ersetzt werden, fassen Sie folgende vertrauensbildende Maßnahmen ins Auge:

- Bemühen Sie sich um eine offene und verständnisvolle Kommunikation.
- Vermeiden Sie faule Ausreden.
- Verzichten Sie darauf, Mitarbeiter zu manipulieren.
- Steuern Sie einen klaren Kurs.
- Stehen Sie zu Ihrem Wort.
- Kontrollieren und kritisieren Sie stets sachorientiert und konstruktiv.
- Vermeiden Sie, Mitarbeiter ohne Not unter Druck zu setzen.
- Versorgen Sie Ihre Mitarbeiter mit Informationen.
- Verteilen Sie verdiente Anerkennung.
- Behalten Sie Vertrauliches für sich.
- Gehen Sie stets mit gutem Beispiel voran.
- Stellen Sie sich vor Ihre Mitarbeiter.
- Gehen Sie souverän mit Kritik um, die von Mitarbeitern an Ihnen geübt wird.
- Bei Konflikten zwischen Mitarbeitern übernehmen Sie die Rolle des neutralen Schlichters.
- Reklamieren Sie positive Arbeitsergebnisse/Vorschläge Ihrer Mitarbeiter nicht für sich.

Indem Sie durch dieses Verhalten den Mitarbeiter animieren, sein Misstrauen abzubauen, werden Sie Ihrer Vorbildfunktion (Seite 12) gerecht. Bereits nach kurzer Zeit wird ein misstrauischer Mitarbeiter erstaunt feststellen, dass es sich sehr viel besser leben lässt, wenn zwischen den betrieblichen Akteuren ein Grundvertrauen herrscht.

MOBBER

Wo Menschen über eine längere Zeit zusammenarbeiten, kommt es immer wieder zu Differenzen, die uns aus dem täglichen Einerlei reißen, die Wellen höherschlagen lassen und ausgetragen werden müssen. Hierbei zutage tretende Reibungen, Spannungen, Ärgernisse und Auseinandersetzungen zwischen Betriebsangehörigen gehören zur Arbeitswelt wie Wassermoleküle zum Meer. Ein harmloses Kollegentuscheln, ein lautstarker Streit zwischen Angehörigen einer Arbeitsgruppe oder ein gelegentliches Aneinandergeraten zweier Kampfhähne orten wir noch nicht als Mobbing. Mit diesen Stresssituationen müssen wir wohl oder übel leben. Wenn diese Konflikte am nächsten Tag, nachdem sich die Gemüter beruhigt haben, in einem klärenden Gespräch aus der Welt geschafft werden, betrachten wir die Angelegenheit als erledigt.

Die praktizierte Streitkultur am Arbeitsplatz sorgt dafür, dass Dissonanzen nicht aus dem Ruder laufen und nicht eine Partei bei Meinungsverschiedenheiten auf der Strecke bleibt. So lassen sich sonst eskalierende Streitigkeiten rechtzeitig verhindern.

Von Mobbing sprechen wir erst dann, wenn eine Person oder eine Gruppe am Arbeitsplatz von gleichgestellten, vorgesetzten oder nachgeordneten Mitarbeitenden während einer längeren Zeit schikaniert, belästigt, beleidigt, ausgegrenzt, körperlich bedroht oder mit kränkenden Arbeitsaufgaben bedacht werden, wobei sich eine Täter-Opfer-Beziehung herausbildet.

Es muss sich stets um fortgesetzte, aufeinander aufbauende oder ineinander übergreifende Verhaltensweisen des Mobbers handeln. Der Täter greift gezielt, häufig und rechtswidrig in das Persönlichkeitsrecht eines anderen Menschen ein, wobei die Angriffe nicht nach einem vorgefassten Plan erfolgen müssen. Es geht ihm vorrangig um feindselige, schikanierende, drangsalierende und ausgrenzende Attacken mit den Zielen,

- die zwischenmenschliche Kommunikation des Mobbingopfers verkümmern zu lassen,
- die Kooperation zu ihm in Richtung Null zu vermindern sowie
- soziale Beziehungen abzublocken und das soziale Ansehen nachhaltig zu schädigen.

Daran knüpft der Mobber die Erwartung, dass sich das Mobbingopfer schließlich zurückzieht und von sich aus den Arbeitsplatz räumt.

Mobbing ist also keine kurze Episode oder eine plötzlich hereinbrechende Naturkatastrophe, sondern ein länger währender, zermürbender Prozess mit starker Dynamik.

Entwicklungsstufen von Mobbing

Phase 1: Ein Konflikt wird nicht konstruktiv gelöst.
Es kommt zu Schuldzuweisungen und persönlichen Angriffen.

Phase 2: Es wird systematisch Psychoterror ausgeübt, so zum Beispiel:
- Einschränkung der Möglichkeit, sich zu äußern
- Geschrei und Beschimpfung
- Ständige Kritik an der Arbeit und/oder dem Privatleben
- Kontaktverweigerung (Anschweigen/Antwort verweigern) = man wird wie Luft behandelt
- Lustigmachen über die Person, über körperliche oder geistige Eigenschaften, Imitation von Gang, Gesten oder Stimme
- Urteilsvermögen anzweifeln
- Sexuelle Annäherungen und/oder verbale sexuelle Angebote
- Manipulation der Arbeit
- Übertragung sinnloser, disqualifizierender, gesundheitsschädlicher Arbeit
- Androhung/Ausführung körperlicher Gewalt/körperlicher Misshandlungen

Für den Mobber sind alle Angriffe akzeptabel - Hauptsache, sie gehen dem Mobbingopfer unter die Haut!

Phase 3: Personalbearbeitende Stellen reagieren in die falsche Richtung.
Betriebliche Fehlentscheidungen (z. B. Umsetzung, Versetzung, Abmahnung des Mobbingopfers) und ausbleibende Schutzmaßnahmen verstärken den Druck auf das Mobbingopfer.

Phase 4: Das Mobbingopfer wird aus der Gemeinschaft ausgeschlossen.
- Abschieben und Kaltstellen
- lange Erkrankungen
- Kündigung
- Vorzeitiger Ruhestand/Altersteilzeit/Frührente
- Suizid

Wird Mobbing nicht Einhalt geboten, ist mit gravierenden Folgen für das Opfer zu rechnen, zum Beispiel:
- Angstzustände und Panikattacken
- diverse Erkrankungen im Herz-/Kreislauf- oder Magen-/Darm-Bereich
- soziale Isolation
- Psychiatrieaufenthalte
- Suchtprobleme
- frühzeitiges Ausscheiden aus dem Arbeitsleben
- Beeinträchtigung des Privatlebens
- Suizid(-versuche)

Doch auch der Betrieb hat negative Folgen zu erwarten:

- eingeschränkte Arbeitskraft beim Mobber, der einen Teil seiner Arbeitskraft darauf verwendet, Mobbingangriffe zu initiieren
- eingeschränkte Arbeitskraft beim Mobbingopfer, das einen Teil seiner Arbeitskraft darauf verwendet, sich gegen Mobbingangriffe zu wehren
- Vergiftung des Arbeitsklimas
- Vertrauensverlust in die Führungsebene
- abnehmende Kreativität und Initiative
- Störungen der Arbeitsabläufe und Qualitätseinbußen
- Ausfälle durch Arztbesuche und Arbeitsunfähigkeit
- Verlust von qualifizierten Mitarbeitern
- zusätzliche Personal- und Einarbeitungskosten durch Neueinstellungen
- Kosten für arbeitsrechtliche Verfahren
- Imageschaden in der Öffentlichkeit

Es gibt keine Rechtfertigung, die Würde eines anderen Menschen so gering zu achten, dass man ihn bis zur psychischen/physischen Vernichtung fertigmacht! Deshalb werden Sie beim ersten Anzeichen gegen das Mobbing einschreiten, unabhängig davon, ob ein Mobbingopfer das Mobbing selbst ausgelöst oder durch eigenes Fehlverhalten heraufbeschworen hat.

Reaktionsmöglichkeiten

Um Mobbinghandlungen den Nährboden zu entziehen, sollten alle Betriebsangehörigen die folgenden Erkenntnisse verinnerlichen:

1. Aus manchem Konflikt entwickelt sich Mobbing, weil man den Dingen ihren Lauf lässt! Aus kleinen ungelösten Konflikten resultieren große Konflikte, die immer mehr Zeit, Energien und Nerven bei allen Beteiligten fressen!
2. Mobbing ist eine Zeitbombe, die schnellstmöglich entschärft werden muss, damit sie keinen nachhaltigen Schaden anrichten kann. Wird bei frühzeitigem Erkennen von Mobbingaktivitäten sogleich gegengesteuert, wird es eher gelingen, das Problem zu lösen!
3. Bei einem intakten Betriebsklima haben Mobber einen schweren Stand!
4. Wer Mobbing tatenlos hinnimmt und schweigt, leistet dem Mobbing Vorschub und macht sich mitschuldig! Albert Einstein befand:

> DIE WELT IST VIEL ZU GEFÄHRLICH, UM DARIN ZU LEBEN – NICHT WEGEN DER MENSCHEN, DIE BÖSES TUN, SONDERN WEGEN DER MENSCHEN, DIE DANEBENSTEHEN UND SIE GEWÄHREN LASSEN.

5. Je mehr Missbilligung (von welcher Seite auch immer) der Mobber erfährt, desto geringer ist das Problem!

Mit den nachstehenden Maßnahmen beugen Sie Mobbing vor bzw. wehren es ab:

- Sie führen neue Mitarbeiter erfolgreich ein und stellen Ihnen loyale Betriebspaten zur Seite.
- → Intriganten und → Denunzianten weisen Sie rechtzeitig in die Schranken.
- Mitarbeiterbeschwerden nehmen Sie ernst.
- Sie streben sozialverträgliche und dauerhafte Konfliktlösungen an und fungieren hierbei eventuell als Mediator.
- Das Thema Mobbing wird als zu bekämpfendes Fehlverhalten deutlich zur Sprache gebracht.

Würden Sie dem Mobbing tatenlos zusehen, könnten manche Mitarbeiter daraus schließen, das Recht des Stärkeren habe Gültigkeit und man dürfe sich ebenfalls sehr unkollegial verhalten. Deshalb verharmlosen Sie erkannte Mobbingansätze keinesfalls, sondern treten ihnen sogleich entschieden entgegen. Sie legen unmissverständlich dar, dass Sie Mobbing nicht tolerieren und im Rahmen Ihrer Fürsorgepflicht auch bereit sind, Sanktionen gegen Mobber zu ergreifen.

In einer Mitarbeiterbesprechung sollte die Frage „Wie gehen wir miteinander um?" thematisiert werden, um einen Grundkonsens zu finden, wie bei den ersten Anzeichen von Mobbing zu verfahren ist.

1. Den Mobber direkt ansprechen

Sie sprechen den Mobber unter Ausschluss der Öffentlichkeit sofort auf sein Tun an, wobei Sie möglichst auf selbsterkannte Mobbingaktivitäten hinweisen. Ohne sich auf längere Diskussionen einzulassen, ermahnen Sie den Mobber nachdrücklich und stellen Sanktionen (Ermahnung, Umsetzung, Versetzung, Änderungskündigung, Abmahnung, Kündigung) in Aussicht, falls er sein Verhalten nicht ändert. Dieser Androhung lassen Sie gegebenenfalls Taten folgen, die in der Endkonsequenz mit der Trennung vom Mobber enden.

Wie jeder andere Mitarbeiter, ist auch der Mobber – unabhängig davon, dass das zunächst Probleme bereitet – ersetzbar. Selbst wenn er über ein überdurchschnittliches Potenzial verfügt, kann er für den Betrieb nicht unverzichtbar sein. Würde er plötzlich aus gesundheitlichen Gründen längere Zeit ausfallen, müsste der Betrieb seine Abwesenheit ebenfalls verkraften (siehe auch Seite 176).

2. Das Mobbingopfer mit erforderlichen Informationen versorgen

Mit dem systematischen Vorenthalten wichtiger Informationen und dem Einschränken persönlicher Kontakte lässt man den Gemobbten in eine Versagerfalle tappen, die seine berufliche und persönliche Kompetenz erheblich in Zweifel zieht, sodass er sich bald auf ein Abstellgleis geschoben fühlt.

Indem das Mobbingopfer mit wichtigen Informationen versorgt wird, kann dessen fachlicher und menschlicher Isolation entgegengewirkt werden.

In größeren Unternehmen sind Anti-Mobbing-Stellen eingerichtet oder Anti-Mobbing-Beauftragte bestellt. Über Information, Aufklärung und Schulung machen sie die

Betriebsangehörigen für das Thema Mobbing sensibel und sind zugleich Anlaufstelle für Mobbingopfer, für die sie beratend, unterstützend und schlichtend wirken. In Betriebsvereinbarungen kann allen Betriebsangehörigen das Unterlassen von Mobbinghandlungen und das Bekämpfen von Mobbing zur Pflicht gemacht werden.

Jeder einzelne steht in der Verantwortung, sich von Psychoterror am Arbeitsplatz zu distanzieren und Mobbingaktivitäten den Kampf anzusagen. Jeder, der sich an Mobbinghandlungen beteiligt oder tatenlos zuschaut, kann selbst das nächste Mobbingopfer werden!

Die nicht am Mobbing beteiligten Kollegen dürfen dem sich anbahnenden Trauerspiel nicht tatenlos zusehen oder sich gar hieran ergötzen. Stecken sie den Kopf in den Sand oder halten sie sich aus allem heraus, akzeptieren sie eine mit Mobbing stets einhergehende Verschlechterung des Betriebsklimas und akzeptieren damit indirekte negative Auswirkungen auf die eigene Person. Ihre Missbilligung lässt sich deutlich machen:

- Solidarisierung mit dem Mobbingopfer, indem Offenheit, Aufrichtigkeit, Mitgefühl und Engagement gezeigt wird.
- Das Handeln des Mobbers als verwerflich anprangern.
- Aktiv werden und mit dem Mobbingopfer gegen den Mobber vorgehen.

NEIDER

Missgönnt ein nicht berücksichtigter Konkurrent Ihnen den Chefsessel, bleiben Unstimmigkeiten und Querschüsse oft nicht aus. Bereits Napoleon war die Situation nicht fremd, denn er bemerkte:

MIT JEDER BEFÖRDERUNG MACHE ICH EINEN ZUFRIEDEN UND HUNDERT UNZUFRIEDEN.

Reaktionsmöglichkeiten

Sobald Sie erste Anzeichen erkennen, dass an Ihrem Stuhl gesägt wird und Ihnen ein Mitarbeiter die Position streitig machen will (siehe auch → Stuhlsäger), übernehmen Sie engagiert und energisch die Regie, ohne jedoch aufbrausend zu werden. Sie stellen den Mitarbeiter unter vier Augen zur Rede, wobei Sie die gebotenen zivilisierten Umgangsformen beachten, in der Sache aber sehr bestimmt auftreten. Der Opponent soll erkennen, dass Sie sich nicht die Butter vom Brot nehmen lassen.

In einem ruhigen und sachlichen Gespräch erörtern Sie die Situation:

Beispiel:
„Herr X, mir sind in den vergangenen zwei Wochen drei Situationen aufgefallen, über die ich mit Ihnen sprechen muss. Und zwar … *(hier werden selbst beobachtete konkrete Situationsbeschreibungen aufgezählt – keinesfalls vage Hinweise, für die keine Fakten vorliegen. Diskutieren Sie nicht über diese Begebenheiten, denn sonst kommt es zu einer unendlichen Geschichte).*

Hieraus ergibt sich für mich die Erkenntnis, dass Sie mit der jetzigen Situation, also seit meiner Beförderung, nicht glücklich sind. Ich kann nachvollziehen, dass Sie enttäuscht sind, dass nicht Ihnen die Führungsposition übertragen wurde. Sie fühlen sich vermutlich übergangen und sind richtiggehend stinksauer. Mancher Berufstätige, der Ehrgeiz besitzt, wird vermutlich ähnlich reagieren.

Mit meiner Beförderung traf die Geschäftsleitung eine klare Entscheidung. Die Beweggründe für diese Entscheidung kenne ich nicht – auch hat die Geschäftsleitung diese Entscheidung zu vertreten und nicht ich. Jetzt ist es Fakt, dass ich hier die Gesamtverantwortung trage. Dabei bin ich nicht bereit, mir von Ihnen oder einer anderen Person Steine in den Weg legen zu lassen, die unseren gewünschten gemeinsamen Erfolg beeinträchtigen.

Ich biete Ihnen unabhängig von den bisherigen Geschehnissen eine vertrauensvolle Zusammenarbeit an. Ich halte es für zwingend erforderlich, gemeinsam an einem Strang zu ziehen. Sie sind als versierter, erfahrener und fachlich sehr kompetenter Mitarbeiter bekannt. Allerdings habe ich davon in den letzten zwei Wochen kaum etwas erkennen können. Mit Ihrer Zurückhaltung unterstreichen Sie aber nicht Ihren Wunsch, eine Führungsposition zu übernehmen. Im Gegenteil: Wie soll ich Sie guten Gewissens bei Ihrem jetzigen Verhalten bei künftigen innerbetrieblichen Stellenausschreibungen unterstützen? Ich will das gern für Sie tun. Zeigen Sie mir dann aber in der täglichen Arbeit, dass Sie ein wirklich guter Mitarbeiter sind. Jetzt verlange ich von Ihnen Loyalität und Kooperation, genau wie Sie an meiner Stelle Loyalität und Kooperation von jedem Ihrer Mitarbeiter einfordern würden.

Ich stelle mir unsere künftige Zusammenarbeit folgendermaßen vor: ... Wie stehen Sie dazu?

Kommen wir zu einem für uns beide zufriedenstellenden Ergebnis, springen Sie über Ihren Schatten und zeigen mir, dass ich immer mit Ihnen rechnen kann. Dann haben Sie mich bei Ihren beruflichen Plänen auf Ihrer Seite. Ich kann mir vorstellen, Sie dann der Geschäftsleitung als meinen offiziellen Abwesenheitsvertreter vorzuschlagen. So könnten Sie zumindest zeitweise Führungsverantwortung übernehmen, was bei künftigen Bewerbungen um Führungspositionen positiv vermerkt werden könnte. Sie sollten überlegen, mit welchen Fortbildungen oder besonders herausgehobenen Projekten ich Sie unterstützen kann ..."

Mit diesem Angebot sollte es Ihnen gelingen, aus einem im Abseits Befindlichen wieder ein ins Zentrum des Geschehens gerückten engagierten Mitarbeiter zu machen.

Da der Mitarbeiter in diesem Beispiel nicht „abgewatscht" wird, sondern ein faires Angebot erhält, besteht Hoffnung auf eine Situationsverbesserung.

Bleibt der Mitarbeiter bei seiner Oppositionsrolle beziehungsweise inneren Kündigung, lassen Sie sich das nicht gefallen, sondern beobachten sein Verhalten intensiv, um gegebenenfalls arbeitsrechtliche Schritte einleiten zu können. Verhält sich der Mitarbeiter weiterhin unkooperativ, werden Sie die Konsequenzen ziehen (z. B. Versetzung, Trennung) beziehungsweise den nächsthöheren Vorgesetzten auf das Fehlverhalten ansprechen. Auch von dieser Seite sollte ihm bedeutet werden, dass er mit schmerzhaften Sanktionen rechnen muss, wenn er weiter gegen Sie Front macht.

Generell sollten Sie in Ihrer Lebensführung bedenken: Neider haben Sie nur dann, wenn Sie erfolgreich sind. Oscar Wilde schrieb:

DIE ANZAHL UNSERER NEIDER BESTÄTIGT UNSERE FÄHIGKEITEN.

Dieser Gedanke sollte zu Ihrer positiven psychischen Aufrüstung beitragen. Statt sich über Neid und Missgunst aufzuregen und sich die Freude über eigene Erfolge nehmen zu lassen, bewahren Sie besser Ihre Heiterkeit und Zufriedenheit. Wenn Sie sich zudem daran erinnern, dass der Neid zu den sieben Todsünden zählt, hat der Neidhammel eher Ihr Mitleid verdient.

NESTBESCHMUTZER

Unternehmen streben eine stabile positive Wertschätzung in der Öffentlichkeit an. Das beginnt mit der Formulierung von Firmenvisionen und -grundsätzen, aus denen Strategien, Ziele und Maßnahmen abgeleitet werden, und setzt sich in den Führungsleitbildern und -richtlinien fort. Insgesamt soll ein einheitliches förderliches Erscheinungsbild vermittelt und das damit verbundene Image verbessert werden.

Neben dem positiven Image in der Öffentlichkeit soll firmenintern die Bindung und die Loyalität der Mitarbeiter gestärkt werden. Schließlich gehören Mitarbeiter gern einem Unternehmen an, das eine große Wertschätzung genießt (z. B. erkennbar an der mit Stolz vorgetragenen Formulierung: „Wir von Siemens ...").

Dem Nestbeschmutzer sind diese Überlegungen einerlei. Indem er Dritten gegenüber in abwertender Weise über seinen Arbeitgeber herzieht und tatsächliche oder vermeintliche Unzulänglichkeiten beklagt, nimmt er mit diesem kontraproduktiven Vorgehen in Kauf, dass das Unternehmen mit seinen Angehörigen Nachteile erleidet. Juristisch betrachtet darf der Mitarbeiter im Rahmen des grundgesetzlich garantierten Rechts auf Meinungsfreiheit Kritik an seinem Arbeitgeber und den betrieblichen Verhältnissen üben. Das darf er sogar überspitzt und polemisch tun, muss dabei aber unterhalb der Grenzen von Formalbeleidigungen und Schmähkritik bleiben. Auch darf die Kritik nicht den berechtigten Interessen des Betriebs (Schutz des Rufs und der Geschäftsinteressen) zuwiderlaufen. Bei aufgedeckten erheblichen Unregelmäßigkeiten sind die Betriebsinteressen indes nachrangig zu betrachten.

Wertet der Arbeitnehmer unabhängig von der Rechtslage seinen Arbeitgeber bei Dritten ab oder macht er sich über das Unternehmen lustig, missachtet er einen allgemeinen Grundsatz:

Wir ziehen alle an einem Strang, stehen zu unserem Unternehmen und zu unserem Team!

Das bedeutet aber nicht, erkannte Fehler oder Schwachstellen unbeachtet zu lassen. Im Gegenteil: Weil sie als Erfolgsverhinderer gelten, müssen sie aufgearbeitet und eliminiert werden. Das ist aber ein interner Vorgang, der Außenstehende nichts angeht.

Reaktionsmöglichkeiten

Es steht Ihnen frei, in einem Gespräch vom Mitarbeiter Loyalität und die Beachtung allgemeiner Grundsätze einzufordern, wenn dieser lediglich im Einzelfall seinen Frustrationen freien Raum ließ und Sie grundsätzlich an der Fortsetzung des Arbeitsverhältnisses interessiert sind. Animieren Sie ihn, nach Lösungen für erkannte Schwachstellen zu suchen und im offiziellen Rahmen Verbesserungsvorschläge einzubringen. Indem er intern den Advocatus Diaboli spielt, beteiligt er sich konstruktiv am Betriebsgeschehen.

Sehen Sie das Vertrauensverhältnis jedoch durch das abträgliche Verhalten über die Maßen zerstört (z. B. veröffentlichte er seine Kritikpunkte in respektloser Weise als Leserbrief in der örtlichen Zeitung oder unterschrieb einen Aufruf zum Boykott Ihres Unternehmens), wird in einem Vier-Augen-Gespräch die baldige Beendigung des Arbeitsverhältnisses mit folgenden Hinweisen angestrebt:

> *Beispiel:*
> „Konsequenz bewiesen Sie, indem Sie bestimmte Dinge in unserer Firma öffentlich anprangerten. Jetzt wäre es doch nur logisch, wenn Sie mit gleicher Intensität den Sie nervenden Umständen durch einen Arbeitsplatzwechsel aus dem Wege gingen. Nach Ihren abträglichen Äußerungen werden Sie auf der Arbeitgeberseite, bei mir und bei den Kollegen kaum auf Verständnis und Unterstützung stoßen. Man hat Ihr Vorgehen sicher nicht wohlwollend zur Kenntnis genommen, sondern wird Sie eher schneiden und ablehnen. Bevor die Firma eine Entscheidung über mögliche Reaktionen und Ihren weiteren Verbleib in der Firma trifft, sollten Sie besser selbst die Konsequenzen ziehen. Überlegen Sie Ihr weiteres Vorgehen und informieren Sie mich bis …, wie Sie vorzugehen gedenken.“

Einer vorzeitigen Auflösung des Arbeitsverhältnisses unter Zahlung der üblichen Abfindung sollten Sie eher zustimmen, als ein langwieriges juristisches Verfahren mit ungewissem Ausgang in Kauf nehmen.

NICHTDELEGIERER

Einer Ihrer Mitarbeiter mit Vorgesetztenfunktion hat eine Forderung an Vorgesetzte noch nicht realisiert:

Mehr und besser führen – weniger durchführen!

Dafür folgt er dem Motto: „Hier kocht der Chef selbst.“ Sein Nichtdelegieren begründet er mit Aussagen wie:

- Warum soll ich eine Aufgabe delegieren, wenn ich sie besser erledigen kann als meine Mitarbeiter?
- Wenn ich es selber mache, geht es schneller, und es wird kostbare Zeit gespart.
- Meine Mitarbeiter klagen schon über zu viel Arbeit. Da kann ich ihnen nicht noch weitere Aufgaben übertragen.
- Welche Wertschätzung genieße ich, wenn ein Mitarbeiter die bislang von mir erledigte Aufgabe besser als ich bewältigt?
- Wenn ich die Aufgabenerledigung aus dem Blick verliere, weiß ich nicht mehr, was in meinem Bereich geschieht.

Er huldigt der irrigen Ansicht: „Delegiere niemals, denn nur was du selbst machst, ist wirklich gemacht.“ Folgerichtig nimmt er sich vor: „Keine Arbeit ist so einfach, dass der Mitarbeiter sie nicht falsch machen könnte. Deshalb geht alles über meinen Tisch!“

Dass er bei dieser Tendenz an seinen physischen und psychischen Kräften Raubbau betreibt, wird ihm erst bewusst, wenn sich die ersten gravierenden Symptome des Burnouts bemerkbar machen oder er sich als Patient auf einer Intensivstation wiederfindet. Erst dann fühlt er sich in einem Vierzeiler von Eugen Roth zutreffend beschrieben:

EIN MENSCH SAGT – UND IST STOLZ DARAUF –
ER GEH' IN SEINEN PFLICHTEN AUF.
BALD ABER, NICHT MEHR GANZ SO MUNTER,
GEHT ER IN SEINEN PFLICHTEN UNTER.

Reaktionsmöglichkeiten

Sie wollen nicht die Verantwortung am Untergang eines Mitarbeiters tragen, indem Sie nichts unternehmen, sondern stattdessen motivierend auf den Mitarbeiter einwirken, in einem größeren Maß Aufgaben, Kompetenzen und Verantwortung an nachgeordnete Mitarbeiter zu übertragen. Dabei erläutern Sie die Vorzüge einer verstärkten Delegation:

- Entlastung des Vorgesetzten
- Steigerung der Motivation bei den Mitarbeitern
- Nutzung des fachlichen Potenzials der Mitarbeiter
- Individuelle Personalentwicklung

Schließlich soll der Alles-Selber-Macher zu der Erkenntnis gelangen:

„Ich bin als Vorgesetzter nicht das ausführende Organ, sondern der Koordinator von Tätigkeiten meiner Mitarbeiter. Meine Aufgabe ist nicht, alles selbst zu erledigen, sondern dafür zu sorgen, dass das Gros der Aufgaben möglichst gut von meinen Mitarbeitern erledigt wird."

Leider besteht bei vielen Führungskräften die Delegation oft in den lapidaren Worten „Machen Sie mal…". Wenn sich bei diesem „durchdachten" Ansinnen anschließend ein Misserfolg einstellt, sieht sich der Vorgesetzte in seiner Einschätzung bestätigt, dass Delegation ein untaugliches Instrument ist, seine Mitarbeiter dafür noch nicht reif sind und ohne seine aktive Beteiligung alles zusammenbricht.

Soll Delegation erfolgreich praktiziert werden, sind nachstehende Punkte zu beachten:

1. Delegierbar sind Routineaufgaben, Spezialistentätigkeiten, Detailfragen und vorbereitende Arbeiten für Entscheidungen (z. B. Informationsbeschaffung und -analyse). Nicht delegierbar sind unternehmenspolitische, strategische Entscheidungen, Führungsaufgaben, außergewöhnliche Fälle, das heißt wichtige Aufgaben von großer Tragweite und/oder hohem Risikoanteil sowie akute, eilige Aufgaben, vertrauliche Angelegenheiten sowie sicherheitsrelevante Aspekte. Es lautet die Generalklausel:

   Delegation an den Mitarbeiter soweit möglich – Konzentration auf die Führungskraft soweit nötig.

2. Die Frage, an wen was delegiert werden soll, ist zu beantworten nach:
   - sachlich-organisatorischen Gegebenheiten
     Passt die zu delegierende Aufgabe von der Sache her in ein bereits bestehendes Aufgabengebiet?
   - möglichen tarifliche Auswirkungen
   - gerechter Auslastung der Mitarbeiter
     Die Versuchung ist groß, Aufgaben an Mitarbeiter zu delegieren, die widerspruchslos jede Arbeit übernehmen, wenn der Vorgesetzte sie darum bittet. Ent-

weder sind sie sehr fleißig, wollen einen guten Eindruck machen oder trauen sich schlicht nicht, eine Aufgabe abzulehnen. Deshalb ist der Blick unbedingt auch auf jene Mitarbeiter zu richten, die als Arbeitszeitbetrüger oder Faulpelze ihren Ehrgeiz darauf richten, sich vor allem Zusätzlichen zu drücken.

- dem Maß an Verantwortung
  Akzeptiert der Mitarbeiter nicht nur die Aufgabe, sondern auch die damit verbundene Verantwortung?
- der fachlichen Kompetenz

3. Evtl. ist dem vorgesehenen Mitarbeiter erforderliches Know-how zu vermitteln.
4. Eine dauerhafte Delegation ist vorzusehen.
5. Es sollten möglichst in sich geschlossene Aufgaben bzw. Aufgabenkomplexe und nicht isolierte Teilaufgaben übertragen werden.
6. Delegieren ist nicht gleichbedeutend mit Schuttabladen und darf nicht nur sogenannte U-Aufgaben (unangenehme, unerfreuliche, unergiebige, unbequeme, unbeliebte, unerträgliche, unbefriedigende, undankbare, uncoole Aufgaben) enthalten.
7. Dem Mitarbeiter ist zu erklären, warum gerade ihm die neue Aufgabe übertragen wird. Weiß er um die Bedeutung dieser Aufgabe, wird er sich weniger als unwichtiges Rädchen empfinden (Auf mich kommt es an!).
8. Der Mitarbeiter muss Zugang zu allen notwendigen Informationen haben.
9. Weil der Mitarbeiter wissen muss, was von ihm erwartet wird, sollten Ziele vereinbart werden.
10. Wegen des erhöhten Risikos während der Anlaufphase ist der Kontrollfunktion in Form aktiver Hilfestellung und verständnisvoller Begleitung nachzukommen.
11. Rückdelegation sollte abgewehrt werden (vgl. Seite 161).

PERFEKTIONIST/PEDANT

Vorweg zwei Überlegungen: Wollen Sie mit Tony Shalhoub, der als neurotischer Privatdetektiv Adrian Monk in der gleichnamigen US-amerikanischen Fernsehserie recht skurril seinen Perfektionismus zu höchster Blüte treibt, tagtäglich zusammenarbeiten? Wünschen Sie sich einen Mitarbeiter, der zum Einparken sechs Minuten benötigt, wobei er sein Fahrzeug zehnmal vor- und zurücksetzt, bis der Pkw schließlich millimetergenau in einem Abstand von 2 cm parallel zur Bordsteinkante steht?

Ihre Antwort wird aller Voraussicht nach „Nein" lauten. Entsprechend stünden Sie einem Perfektionisten vermutlich skeptisch bis ablehnend gegenüber. Insgeheim wünscht sich dennoch mancher Vorgesetzte den perfekten Mitarbeiter: den Mitarbeiter, der alle Aufgaben zu 100 Prozent in einer nicht mehr zu überbietenden vorbildlichen Art und Weise erfüllt und stets vollkommen gelungene Arbeiten abliefert. Wie häufig im Leben, liegen hier zwischen Wunsch und Wirklichkeit Welten.

Den perfekten Mitarbeiter gibt es weder in der Gegenwart, noch werden Sie künftig mit ihm rechnen können. Auch wenn jeder Berufstätige ohne Fehler arbeiten möchte, um Erfolg bei seiner Arbeit zu sehen, die Wertschätzung seiner Umgebung zu gewinnen und in Übereinstimmung mit dem eigenen Gewissen zu leben, unterlaufen ihm Fehler. Menschen sind keine Roboter, keine seelenlosen Maschinen, sondern Individuen, die Stimmungen und Emotionen unterworfen sind. Diese lassen Ablenkungen oder wenig rationale Reaktionen zu, die eine nachlassende Leistung bewirken können. Bei einem Mitarbeiter ist die Fehlerhäufigkeit überdurchschnittlich hoch, ein anderer Mitarbeiter produziert eher selten Fehler. Eines bleibt aber für alle gleich: Fehler unterlaufen uns im Regelfall, weil wir sie nicht erkennen oder es nicht besser wissen.

Sie sollten akzeptieren, dass Menschen nicht unfehlbar sind. Schließlich verfügen sie über individuelle Macken, Ecken und Kanten, so dass es trotz größter Sorgfalt immer wieder zu menschlichem Versagen kommt. Selbst angeblich perfekte Systeme wie zum Beispiel Flugzeuge und Weltraumfahrzeuge funktionieren nur deshalb (fast) perfekt, weil alle wichtigen Systeme mehrfach vorhanden sind. Es ist also menschlich, Fehler zu machen – und Fehler machen uns menschlich! Das Streben nach Vollkommenheit ist aussichtslos, denn eine Null-Fehler-Toleranz haben sich wohl nur die Götter vorbehalten.

Der Perfektionist bezieht diese Überlegungen entweder überhaupt nicht oder nur sehr eingeschränkt auf sich. Stattdessen sieht er sich in der Pflicht, stets fehlerfreie und perfekte Arbeitsergebnisse zu erreichen. Hierdurch gerät seine Work-Life-Balance aus dem Gleichgewicht und die Lebensqualität leidet. Letztlich fühlt sich der zum Perfektionismus neigende Mensch von den beruflichen Zwängen überfordert, die motivierenden

Erfolgserlebnisse bleiben aus und die Unzufriedenheit steigt kontinuierlich an. Winston Churchill erkannte:

PERFEKTION BEDEUTET LÄHMUNG!

Ein auf Hundertprozentigkeit ausgerichtetes Arbeitsverhalten ist förderlich an Arbeitsplätzen, die ein akribisches und möglichst fehlerfreies Arbeiten voraussetzen (z. B. Fallschirmpacker, Instandsetzer von Fahrzeugbremsen, Chirurgen – hier geht es im Ernstfall um Leben oder Tod). Auf den allermeisten Arbeitsplätzen ist perfektionistisches Arbeiten jedoch hinderlich, kostet unnötig Zeit und Geld und stellt eine Erfolgsbremse dar. Für sich lässt der Perfektionist den Grundsatz „Kosten runter – Effizienz rauf" nicht gelten. Er schafft trotz eines großen Zeit- und Energieaufwands nie seine Arbeit, weil alles bis ins kleinste Detail intensiv beleuchtet und mehrfach geprüft wird. Gute oder mittelmäßige Arbeitsergebnisse sind für Perfektionisten nicht akzeptabel.

Von den Kollegen eines Perfektionisten kann kein tolerantes Hinwegsehen über diese nervende persönliche Verhaltensweise erwartet werden. Vielmehr werden sie den Perfektionisten als „Erbsenzähler", „Haarspalter" oder „Korinthenkacker" einstufen. Ihnen fehlt jegliches Verständnis für die störend langsame und eher selten komplett beendete Aufgabenerledigung. Diese Detailversessenheit treibt manche Kollegen fast zum Wahnsinn. So ist nachvollziehbar, wenn der Entzug jeglichen Wohlwollens die Folge ist – gepaart mit Spott, Missbilligung, Ablehnung und Ausgrenzung. Hängen andere Personen/Stellen von den Arbeitsergebnissen des Perfektionisten ab und können sie nicht ohne dessen Zuarbeit starten, bauen sich Stress und Frustrationen auf. Geraten dann auch noch komplette Arbeitsabläufe ins Stocken, werden die Wartenden dem Perfektionisten als Störungsquelle schnell den Schwarzen Peter mit negativen Folgen zuschieben: Der Perfektionist erarbeitet sich durch sein Verhalten eine gute Chance, völlig ins Abseits zu geraten und zum Mobbingopfer zu werden.

Reaktionsmöglichkeiten

Zunächst sollten Sie versuchen, mit folgenden Empfehlungen auf den Perfektionisten einzuwirken:

Realistische und unzweideutige Ziele formulieren

Der Mitarbeiter setzt sich realistische Ziele und misst sein Leben nicht an den Vorzügen von Idealen. Da er vermutlich nie erfolgreich mit den Leistungen von Mozart, Michelangelo, Goethe oder Mutter Theresa konkurrieren wird, kann er diesen Wettbewerb nicht für sich entscheiden. Misserfolge wären unausweichlich.

Je genauer die Zielvorstellungen sind, umso geringer ist die Gefahr, sich ablenken zu lassen oder sich in Details zu verlieren. Vor allem ist der vorgesehene Zeitfaktor bedeutsam, wobei nicht vergessen werden sollte, dass der Output nur in seltenen Fällen höchsten Ansprüchen genügen muss.

Im Regelfall Hundertprozentigkeit aufgeben

Nach dem Pareto-Prinzip bringen 20 Prozent der aufgewendeten Zeit 80 Prozent der Leistungsergebnisse. Wer immer alles hundertprozentig erledigen will, benötigt das Vierfache an Zeit für die restlichen 20 Prozent der Ergebnisse.

Geht es um Leben oder Tod, darf vom Streben nach Hundertprozentigkeit nicht abgewichen werden. So wäre es undenkbar, wenn sich ein Chirurg an den OP-Tisch stellen würde in der Absicht, nur 80 Prozent seines Leistungsvermögens einbringen zu wollen.

Mut zur Lücke entwickeln

Was Perfektionisten gegen den Strich geht, ist die Vorstellung, den Mittelweg zwischen Perfektionismus und Nachlässigkeit/Schlamperei anzusteuern. Hierfür müssen sie sich zwingen, den sie ständig behindernden Vollkommenheitswahn und Tunnelblick aufzugeben und Mut zur Lücke zu zeigen. An jedem Arbeitsplatz gibt es C-Aufgaben, das heißt weniger wichtige und eher unbedeutende Kann-Aufgaben. An ihnen lässt sich nahezu gefahrlos der Mut zur Lücke üben. Als Merksatz kann dienen:

Nicht so perfekt wie möglich, sondern so gut wie nötig!

Zeitlimit setzen

Indem der Perfektionist sich für seine Arbeiten ein für eine gute Aufgabenerledigung in Betracht kommendes – eher knappes – Zeitlimit setzt und auch diszipliniert im Auge behält, befindet er sich auf einem guten Weg, den störenden Perfektionismus um jeden Preis (Alles-oder-nichts-Haltung) durch schnelleres und produktiveres Arbeiten zu ersetzen.

Aufgaben aufteilen

Umfangreiche oder zeitintensive Aufgaben sollten in kleine Einzelschritte zerlegt und diese jeweils mit einem Zeitlimit belegt werden. Es ist leichter, viele kleine Schritte zu machen, die wegen ihres geringen Umfangs beim Perfektionisten kaum innere Widerstände gegen eine schnelle Erledigung auslösen, als einen weltrekordverdächtigen Weitsprung zu versuchen, der mit Ansage misslingt.

Sollten Ihre Empfehlungen nicht fruchten, fassen Sie im Rahmen Ihrer Fürsorgepflicht „erzieherische Maßnahmen" ins Auge:

Jeder Auftrag wird mit einem Zeitlimit versehen. Festgelegte Termine, bis zu denen die Aufgabe oder eine Teilaufgabe begonnen/erledigt werden muss, werden schriftlich fixiert und permanent mittels Stichprobenkontrollen überprüft. Um sich vom Last-Minute-Stress zu befreien, setzen Sie Deadlines vorsorglich um einige Tage früher an als maximal geplant. Hierdurch verschaffen Sie sich ein Zeitpolster, falls der Mitarbeiter wider Erwarten nicht rechtzeitig „liefert". Ohne dieses Zeitpolster würde sich der Vorgesetzte auf dünnes Eis begeben, denn Murphy`s Gesetz besagt:

WENN ETWAS SCHIEFGEHEN KANN, DANN WIRD
ES AUCH SCHIEFGEHEN. UND VON DEN DINGEN,
DIE NICHT SCHIEFGEHEN KÖNNEN,
WERDEN ES DENNOCH EINIGE TUN.

Was sagt Goethe zum Perfektionismus?

SO EINE ARBEIT WIRD EIGENTLICH NIE FERTIG,
MAN MUSS SIE FÜR FERTIG ERKLÄREN,
WENN MAN NACH ZEIT UND UMSTÄNDEN DAS
MÖGLICHSTE GETAN HAT.

Diese Feststellung sollte jeder zum Perfektionismus neigende Mitarbeiter auf sich einwirken lassen. Man soll also das Mögliche tun, nicht das Unmögliche. Das Mögliche ist Sache des normalen und gut organisierten Sterblichen, das Unmögliche kann getrost dem unverbesserlichen Perfektionisten überlassen werden!

PESSIMIST

Während dem Optimisten nachgesagt wird, seine Umgebung naiv aus einer rosaroten Brille zu betrachten, verzichtet der Pessimist auf positive Erwartungen. Er kann kaum mehr überrascht oder enttäuscht werden, weil ihm bei jeder Handlung bereits ein Worst-Case-Szenario vor Augen steht. Nach dem Gesetz der selbsterfüllenden Prophezeiung beeinflusst er unbewusst sein Verhalten, sodass die negative Erwartung zumeist auch eintrifft. Ist das gelegentlich nicht der Fall, führt das zu keinem Abbau von Pessimismus, denn Ausnahmen bestätigen schließlich die Regel.

Die negativen Gedanken des Pessimisten schränken seine Lebensqualität massiv ein und können zu Selbstzweifeln, Unsicherheit, Ängsten, Bitterkeit und Depressionen führen. Mit seiner negativen Einstellung und der damit einhergehenden schlechten Laune kann er Kollegen mit seiner Weltuntergangsstimmung anstecken. Letztlich werden Arbeitsatmosphäre und Arbeitsergebnisse negativ berührt, sodass Sie regulierend auf den Pessimisten einwirken sollten. Zwar wird in manchen Fällen die Hilfe eines Psychotherapeuten unausweichlich sein. Aber auch Sie haben Möglichkeiten, den Pessimismus des Mitarbeiters abzuschwächen oder ihn auszuräumen helfen.

Reaktionsmöglichkeiten

Im Gegensatz zu Optimisten gelingt es dem Pessimisten dank seiner misstrauischen Einstellung eher, verborgene Probleme zu erkennen. Statt seine ständige Schwarzmalerei zu bemängeln, lohnt es sich häufig, den Einwänden des Pessimisten nachzugehen. Jedoch werden Sie dabei stets mit der Herausforderung konfrontiert, ernstzunehmende Einwände von purem Pessimismus zu unterscheiden.

Ertappen Sie den Pessimisten nicht nur, wenn er etwas falsch oder schlecht gemacht hat – erwischen Sie ihn besser, wenn er eine Aufgabe gut erledigt hat. Das wäre der Moment, ihm eine redlich verdiente Anerkennung auszusprechen. Diese Anerkennung

- steigert das Selbstwertgefühl des Pessimisten, der normalerweise dazu neigt, sich selbst schlecht- und seine Leistungen kleinzureden,
- vermittelt ein Erfolgserlebnis, das bei jedem Menschen als Anspornfaktor wirkt,
- erhöht die Zufriedenheit des Mitarbeiters mit dem eigenen Arbeitsbereich und dem Vorgesetzten,
- ermutigt den Mitarbeiter zu weiteren anerkennenswerten Leistungen,
- weckt im Mitarbeiter schlummernde Kräfte, die weitere Leistungssteigerungen bewirken.

Von einem interessanten Abfallprodukt der Anerkennung wissen Mediziner und Betriebspsychologen zu berichten: Erfolgserlebnisse führen zu einer günstigen Hormonlage im menschlichen Körper. Der Adrenalinspiegel ist entsprechend niedrig, während Endorphine, die als körpereigene Glückshormone gelten, freigesetzt werden. Hierdurch funktionieren die Schaltvorgänge der Gehirnzellen unseres Nervensystems reibungslos. Es stellt sich auch ein allgemeines Wohlbefinden ein. Und fühlt sich der Mensch wohl in seiner Haut, wird er erfahrungsgemäß besser arbeiten und gute Leistungen erzielen. In übertragenem Sinne sei hier an den Milka-Effekt erinnert: Glückliche Kühe geben mehr Milch!

Mit Fug und Recht sollten Sie Anerkennung als lebenswichtiges Vitamin erkennen. Ist die Vitaminzufuhr unzureichend, treten durch Vitaminmangel verursachte Symptome auf: Verdrossenheit, Lustlosigkeit, schnelle Ermüdung, Niedergeschlagenheit. Ist jedoch die Vitaminzufuhr gewährleistet, wirkt dieses Vitamin als Heil- und Wundermittel.

Erhält der pessimistische Mitarbeiter häufiger wohlverdiente Anerkennung, wird er peu à peu stärker an seine Fähigkeiten glauben und sich selbst mehr zutrauen. Dadurch wird er seine Aufgaben optimistischer betrachten und mit größerem Selbstbewusstsein an sie herangehen.

Parallel zu wohlverdienter Anerkennung werden Sie das Führungsmittel Kritik sensibel einsetzen. Sie wissen, dass sich mit Ihrer konstruktiven Kritik

- Leistungen und Verhalten von Mitarbeitern korrigieren und
- Fehler künftig vermeiden lassen, wodurch das Selbstvertrauen des Mitarbeiters gestärkt und
- der Mitarbeiter gecoacht (entwickelt und gefördert) wird.

So verliert der Pessimist im Laufe der Zeit seine ihn lähmende Angst, Fehler zu machen.

Perfektionisten neigen zum Pessimismus, weil sie trotz eines großen Arbeitseinsatzes selten termingerecht die Ergebnisse einfahren, die ihren überzogenen Ansprüchen gerecht werden. Indem Sie dafür sorgen, dass diese Mitarbeiter weniger perfektionistisch arbeiten, ersparen Sie ihnen Enttäuschungen und Frustrationen und lassen pessimistische Anwandlungen absterben.

Herrscht in Ihrem Zuständigkeitsbereich ein „sonniges" Betriebsklima, hat das langfristig auch Auswirkungen auf den Pessimisten. Ihm wird es dann schwergemacht, seine pessimistische Einstellung durchzuhalten. Ein gelegentliches gemeinsames Lachen (Seite 67) holt ihn nach und nach aus seinem bislang vorherrschenden Grau in Grau und macht ihn aufgeschlossener für die bunten Seiten des Lebens.

Schließlich kann es auch hilfreich sein, einem Pessimisten seine Lebenseinstellung gelegentlich mithilfe folgender Zitate vor Augen zu führen:

LACHE DAS LEBEN AN: VIELLEICHT LACHT ES ZURÜCK.
- JEAN PAUL

DER OPTIMIST SIEHT EINE GELEGENHEIT IN JEDER SCHWIERIGKEIT.
EIN PESSIMIST SIEHT EINE SCHWIERIGKEIT IN JEDER GELEGENHEIT.
- WINSTON CHURCHILL

DER EINZIGE MIST, AUF DEM NICHTS WÄCHST, IST DER PESSIMIST.
- THEODOR HEUSS

DAS LEBEN DES PESSIMISTEN IST EIN EINZIGES NEINERLEI.
- KLAUS KLAGES

DIE KLEINSTE HOFFNUNG IST BESSER ALS DIE SCHLIMMSTE BEFÜRCHTUNG.
- MARK TWAIN

DAS LEBEN IST ZU KURZ, UM EIN LANGES GESICHT ZU MACHEN.
- NOSSRAT PESESCHKIAN

OPTIMISTEN, PESSIMISTEN - LETZTLICH LIEGEN BEIDE FALSCH.
ABER DER OPTIMIST LEBT GLÜCKLICHER.
- KOFI ANNAN

Die positive Einstellung des Optimisten kann wahre Wunder bewirken. In seiner Natur liegt es, das Beste aus der jeweiligen Situation zu machen und in allem noch etwas Positives zu entdecken. Damit blendet er lähmende Bedenken aus und kommt schneller zum Erfolg. Er motiviert sich mit positiven Einschätzungen wie:

- Das schaffe ich ganz bestimmt.
- Das ist kein Grund zur Panik. Auf geht`s!
- Heute wird ein guter Tag.

So wirkt sich seine positive Einstellung nicht nur günstig auf Arbeitsfreude und positives Betriebsklima aus, sondern auch auf sein allgemeines Befinden und seine Gesundheit.

Merke: Optimismus kann erlernt werden. Sie können hierbei Hilfestellung leisten.

PHRASENDRESCHER

Phrasen sind pauschale, blockierende, abwehrende und oft auch abwertende Reaktionen, die nicht sachbezogen sind, sondern Emotionen zu bedienen versuchen. Diese Floskeln werden vorzugsweise dann herangezogen, wenn Sachargumente entweder schwach sind, ganz fehlen oder vom eigentlichen Thema abgelenkt werden soll. Vorschläge anderer Personen sollen „gekillt" und als ungeeignet dargestellt werden. Diese Killerphrasendrescher begründen ihre Ablehnung nicht. Dennoch wird der wichtigste Beweggrund der Ablehnung erkennbar, der lautet: Ich will nicht! Mit mir nicht! Ich bin dagegen!!

Killerphrasen kennt jeder, denn wir haben im Laufe unseres Lebens Hunderte dieser Phrasen gehört und sicher oft auch selbst verwendet, ohne dabei bewusst ein Gespräch abwürgen zu wollen. Diese unbegründeten Behauptungen enthalten beispielsweise Sätze wie:

- So haben wir das noch nie gemacht!
- Das war schon immer so!
- Geht doch überhaupt nicht!
- Haben wir schon alles versucht!
- Grundsätzlich haben Sie ja Recht, aber …
- Wenn sich das machen ließe, wäre schon früher jemand darauf gekommen.
- Das geht uns nichts an.
- Das wächst uns nur über den Kopf.
- Die werden denken, dass wir die Bodenhaftung verloren haben.
- Das muss man völlig anders sehen!
- Das ist alternativlos.
- Ich finde, wir haben Wichtigeres zu tun.
- Als Einzelner sind einem da sowieso die Hände gebunden.
- In unserem Betrieb ist das alles ganz anders.
- Klingt ja ganz gut, aber das wird nichts bringen.
- Warum etwas Neues? Der Laden läuft doch.
- Der Vorschlag ist zu radikal/speziell/einseitig/unausgegoren/schwammig.
- Außenstehende lachen sich tot, wenn die hören, was wir vorhaben.
- Im Prinzip ist das sicher erste Sahne, aber so funktioniert das nie. Das können Sie mir glauben.
- Und wer soll die damit verbundene Arbeit erledigen? Wir sind doch jetzt schon völlig überlastet!
- Damit sollte sich erst einmal eine Projektgruppe beschäftigen.

Auch ansonsten phantasiearme Mitarbeiter verfügen über ein Repertoire an Formulierungen, um sich nicht mit Vorschlägen anderer Menschen beschäftigen zu müssen. Sie zeigen damit selbst bei offensichtlich schlüssigen Argumenten ihre Uneinsichtigkeit. Dabei haben sie einen fast schon sportlichen Ehrgeiz entwickelt, jeden Vorschlag, der nicht von ihnen selbst stammt, zu Fall zu bringen. Die erkennbare Engstirnigkeit weist die geistige Flexibilität einer Betonschwelle auf. Dagegen hat der mit Neugier, Offenheit und Toleranz gepaarte Weitblick keine Chance.

Womit kann dieses kreativitätshemmende Verhalten begründet werden? Vermutlich kommt hier eine Mischung aus hierarchischem Denken, stereotypem Fachdenken, fehlender Risikofreude und mangelndem Selbstbewusstsein zum Vorschein.

Reaktionsmöglichkeiten

Lassen Sie sich durch Killerphrasen nicht aus dem Konzept bringen, sondern wehren Sie sie konsequent ab, ohne ihnen aber zu große Beachtung zu schenken. Da Killerphrasen subjektive Bewertungen ohne substanzielle Begründungen darstellen, sind sie für eine zielführende Diskussion oder ein fruchtbares Gespräch ungeeignet. Auch können sie als Angriffe gewertet werden, die das Diskussionsklima verschlechtern. Sie selbst vermeiden künftig Killerphrasen und wirken auf Ihre Mitarbeiter ein, Sachinformationen statt Killerphrasen zu liefern. Damit nutzen Sie das nach wie vor gültige Prinzip:

Wer behauptet, muss begründen.

Killerphrasennutzer sind oft nicht sofort für sachliche Argumente aufnahmebereit. Hier bieten sich Fragen an, um den Mitarbeiter in positive Bahnen zu lenken.

Mit Fragen
- führen Sie den Mitarbeiter in die von Ihnen gewünschte Richtung,
- aktivieren Sie in ihm Mitdenkreize, sodass seine grauen Zellen angeregt werden und
- produzieren Sie Reaktionen, die im weiteren Gesprächsverlauf genutzt werden können.

Erkennen Sie Killerphrasen, machen Sie diese sofort unschädlich, indem Sie
- die Killerphrase in eine Frage umwandeln:
  - „Sie meinen, dass unser Betrieb ganz anders funktioniert. An welche speziellen Punkte denken Sie?"
  - „Sie sprechen davon, dass dieser Vorschlag alternativlos ist. Welche anderen Varianten sind bei unseren Wettbewerbern erkennbar?"
- die Killerphrase als sachlichen Einwand aufnehmen und nach konstruktiven Vorschlägen fragen, mit denen angesprochene Schwierigkeiten aufgelöst werden können:
  - „Ihr Einwand ist interessant. Da wir Schwierigkeiten aber als Chancen betrachten, ducken wir uns nicht weg, sondern nehmen die Herausforderung an. Was halten Sie konkret von ...?"

- die wahren Motive einfordern:
  - „Okay, Ihren allgemein gehaltenen Hinweis nehme ich zur Kenntnis. Was meinen Sie damit aber ganz konkret? Was ist der wahre Grund Ihrer Aussage?“
- bei „Wiederholungstätern“ die Killerphrase ans Tageslicht bringen:
  - „Haben Sie neben dieser Phrase noch weitere begründete Argumente gegen diesen Vorschlag?“
  - „Diese Killerphrase ist bereits aus Kaisers Zeiten bekannt. Gibt es da nicht endlich mal etwas Neues?“
- die Killerphrase einfach ignorieren und den Anschein vermitteln, Sie hätten nichts gehört.

Nutzen Sie dieses Repertoire, werden Sie künftig bei Phrasen nicht mehr derart perplex sein, dass Ihnen keine angemessene Reaktion einfällt. Vielmehr können Sie mit sinnvollen und nützlichen Erwiderungen reagieren. Weil Killerphrasen in Ihren Gesprächen und Besprechungen abgewürgt werden, steigt die Qualität dieser Zusammenkünfte.

PLANLOSER

Planlos agierenden Mitarbeitern sollte grundsätzlich keine unzureichende Arbeitsmoral unterstellt werden. Zumeist sind sie in ihrem blinden Aktionismus durchgehend beschäftigt, setzen dabei aber keine Prioritäten und verzetteln sich, sodass die gewünschten Ergebnisse ausbleiben. Sie beginnen hundert Dinge und bringen nur selten etwas zu Ende. Dafür identifizieren sie sich mit der Empfehlung von Bertolt Brecht:

> JA, MACH NUR EINEN PLAN! SEI NUR EIN GROSSES LICHT!
> UND MACH DANN NOCH 'NEN ZWEITEN PLAN. GEHEN TUN SIE BEIDE NICHT.

Auch folgen sie Spöttern, die behaupten, Planen bedeutet das Ersetzen des Zufalls durch den Irrtum. Schließlich erklären sie, nicht planlos zu agieren, sondern neugierig und erlebnisoffen zu sein.

Weil Sie wissen, dass ein guter Plan nach dem Volksmund bereits die halbe Miete ausmacht, haben Sie eine andere Sicht und wollen strukturiert und erfolgreich arbeiten und Ihren Arbeitseinsatz sinnvoll planen. Bedenken Sie aber, dass der Planbarkeit Grenzen gesetzt sind, weil Sie nicht sämtliche Eventualitäten berücksichtigen können. Geschieht etwas Unvorhergesehenes, sind Sie dieser Situation nicht schutzlos ausgeliefert, sondern lassen sich mittels eines Plans B nicht in die Defensive drängen.

Würden Sie auf Planung völlig verzichten, könnten manche Vorhaben nicht realisiert werden, ginge viel kostbare Zeit verloren und Ihre Arbeit würde zur reinen Glückssache werden. Natürlich bringt jede Planung eine Einschränkung von Freiheit und Spontaneität mit sich. Dieses Manko wird jedoch aufgehoben, denn bei rechtzeitiger und effektiver Planung sind wesentlich bessere Ergebnisse zu erzielen.

Angestrebte Ziele sollten auf dem kürzesten Weg bei geringstmöglichem Aufwand erreicht werden. Eine gründliche Planung hilft, Umwege und Sackgassen zu vermeiden. Wer nicht plant, der wird schnell von außen (z. B. Umstände, Kollegen) verplant.

Reaktionsmöglichkeiten

Zumeist fehlt dem Planlosen das erforderliche Know-how für die Verbesserung seines Arbeitsverhaltens. Sie initiieren die Teilnahme an einer Qualifizierungsmaßnahme, um das Defizit auszugleichen. Ersatzweise können Sie den Mitarbeiter bei seinem Zeitmanagement coachen.

Bei der **täglichen Arbeit** muss der Mitarbeiter eine Grundregel der Zeitplanung im

Auge behalten, wonach nicht mehr als 60 Prozent der zur Verfügung stehenden Zeit in Beschlag zu nehmen sind:

- Insgesamt zu verplanende Zeit: 60 Prozent
- Reserve für Unerwartetes: 20 Prozent
- Reserve für spontane und soziale Aktivitäten: 20 Prozent

Die Reservezeiten geben Platz zum Disponieren und Raum für taktisches Einteilen. So gerät der Mitarbeiter weniger unter den Druck des Dringlichen und wird weniger überrumpelt oder in die Enge getrieben, sondern kann auf unvorhergesehene Ereignisse gelassen reagieren. Für das tägliche Aufgabenmanagement stellt die ALPEN-Methode ein effektives Planungsinstrument dar. Mit ihrer Hilfe wird der Arbeitstag strukturiert:

A Aufgaben, Aktivitäten und Termine zusammenstellen
L Länge der Aktivitäten schätzen
P Pufferzeiten für Unvorhergesehenes reservieren
E Entscheidungen über Prioritäten (Grundsatz: Wichtigkeit vor Dringlichkeit), Kürzungen und Delegationsmöglichkeiten treffen
N Nachkontrolle: Unerledigtes in den Tagesplan des nächsten Arbeitstags übertragen

Bei **größeren Vorhaben** fordern Sie den bisher planlos vorgehenden Mitarbeiter auf, eine schriftliche Planung aufzustellen und Ihnen vorzulegen. Pläne, die man im Kopf hat, verlieren an Bedeutung und werden leichter über den Haufen geworfen. Schriftliche Pläne hingegen sorgen für mehr Disziplin und Konsequenz. Die vorgelegte und anschließend mit Ihnen abgestimmte Planung sollte mehrere Elemente beinhalten:

- sinnvolle Reihenfolge der Planungsschritte
- Ermitteln vorhersehbarer und unerwarteter Risiken (Risikoanalyse)
- Terminplanung (Start-, Endtermin, Zwischentermine/Meilensteine)
- Ressourcenplanung (Personal und Sachmittel)
- Budgetierung

Diese Planung stellt für Sie zudem eine gute Hilfe dar, Ihrer unverzichtbaren Führungsaufgabe „Kontrolle“ nachzukommen. Sie merken schnell, ob Abweichungen beim Zeit- oder Kostenhorizont Gegenreaktionen erfordern. Weil sich Plandaten durch neue Erkenntnisse bei der Realisierung verändern können, sind Planungen als dynamischer Prozess anzusehen. So sollte sich der Mitarbeiter angewöhnen, gedanklich einen Plan B in der Tasche zu haben, wenn der ursprüngliche Plan zu scheitern droht.

Da Sie als Vorgesetzter für den Arbeitgeber das Weisungsrecht wahrnehmen, können Sie den Zeitpunkt und die Reihenfolge der Aufgabenerledigung sowie die Art und Weise der Erledigung vorgeben. Bei Zuwiderhandlungen sind Sie berechtigt, Sanktionen zu ergreifen. Dazu sollte es nicht kommen, denn ein normaler Sterblicher wird nach Ihren Bemühungen erkennen, dass ein geplantes Vorgehen auch in seinem Interesse liegt.

PSEUDO-BURNOUT-STRATEGE

Obwohl sich ihre Arbeitsbelastung durchaus in Grenzen hält, praktizieren manche Mitarbeiter die Pseudo-Burnout-Strategie: Sie klagen bei jeder Gelegenheit über ihr kaum zu schaffendes Arbeitspensum. Ihr Motto lautet: Lerne zu jammern, ohne zu leiden. Soll eine Projektleitung übernommen oder zusätzliche Arbeiten in Krisensituationen erledigt werden, setzt dieser Mitarbeiter eine Leidensmiene auf und beginnt diverse wichtige Aufgaben aufzuzählen, die eigentlich schon längst hätten erledigt werden müssen, aber wegen akuten Zeitmangels aufgeschoben werden mussten. Auch Hinweise auf den angeschlagenen Gesundheitszustand sind nicht unüblich. Halten diese Menschen penetrant an ihrer Strategie fest, kann es ihnen gelingen, weiter in ihrer Komfortzone zu verharren, als überlastet zu gelten und von zusätzlichen Aufträgen ausgespart zu werden. Bleibt diese Strategie unbemerkt, kann im Extremfall sogar eine keinesfalls sachlich zu rechtfertigende Verringerung des eigenen Arbeitsvolumens erreicht werden.

Durchschauen Kollegen dieses ständige Wehklagen, bewirkt ein weiteres Gejammere nur eine Klimaverschlechterung. Die Kollegen haben nämlich erkannt, dass der Jammerer die Arbeit nicht erfunden hat und sein Verhalten möglicherweise negative Auswirkungen auf sie selbst haben kann.

Es soll Arbeitnehmer geben, die nicht lauthals jammern, sondern mit Tricks Präsenz und Produktivität am Arbeitsplatz simulieren und damit ihr Umfeld gezielt manipulieren und täuschen:

- Sie sind ständig in Eile und durchqueren Flure im Laufschritt. Unter dem Arm mitgeführte Akten sollen zusätzlich Respekt einflößen.
- Man lässt nach Arbeitsschluss das Licht im Büro brennen, um den Eindruck zu vermitteln, man sei immer noch bei der Arbeit. Mit einer eingestellten Zeitschaltuhr hofft man, dass die Irreführung unbemerkt bleibt.
- Mit einem unaufgeräumten Arbeitsplatz soll Hektik bei der Aufgabenbewältigung suggeriert werden.
- E-Mails werden am frühen Morgen oder nach Ende der normalen Arbeitszeit abgesandt. Hiermit soll gezeigt werden, dass man schon am frühen Morgen die Arbeit aufgenommen hat und sich auch nach dem üblichen Feierabend weiter seiner Arbeit widmet.
- Eine über den Schreibtischstuhl hängende Jacke oder der eingeschaltete Bildschirm soll den Eindruck erwecken, man sei nur für kurze Zeit abwesend.

Reaktionsmöglichkeiten

Sie lassen sich weder von dem Gejammere abschrecken noch von den genannten Tricks auf eine falsche Fährte locken, sondern gehen den Gegebenheiten auf den Grund. Zunächst beobachten Sie das Arbeitsverhalten des jammernden Mitarbeiters. Vielleicht erkennen Sie unzweckmäßige Arbeitstechniken, unrationelle Bearbeitungsweisen oder ein fehlerhaftes Zeitmanagement. Werden anschließend diese Hindernisse ausgeräumt, sollte das Jammern verstummen.

Bemerken Sie aber ein ungerechtfertigtes Stöhnen und Klagen, lassen Sie sich von dem ständigen Genörgel nicht beeindrucken, sondern fordern vom Mitarbeiter unmissverständlich Leistung ein und ermahnen ihn, seine Zeit besser zu nutzen, um nach engagiertem Einsatz gute Arbeitsergebnisse abliefern zu können.

Auch lassen Sie erkennen, dass seine Tricks bei Ihnen nicht wirken und deshalb abzustellen sind.

REDSELIGER/QUASSELSTRIPPE/WEITSCHWEIFIGER

Im Gegensatz zu introvertierten Personen sind extrovertierte Menschen als besonders aufgeschlossen, kontaktfreudig und redselig zu charakterisieren. Ein extrem extrovertierter Mitarbeiter bemüht sich unentwegt, einen unschlagbaren „Quassel-Index“ zu erreichen. Ist er erst einmal zu Wort gekommen, lässt er sich mit seinen ausufernden Beiträgen kaum mehr stoppen. Er hat nicht viel zu sagen, tut das aber ausgiebig. Er gefällt sich in langatmigen Beiträgen, mit denen er seine Mitmenschen terrorisiert. Dabei schwadroniert er losgelöst von Zeit und Raum und bringt seine Umgebung zur Verzweiflung.

Manche Mitarbeiter bemühen sich, ihre Gedanken bis ins letzte Detail darzustellen, um zu beweisen, dass sie die Sache sehr ernst nehmen, gründlich und gewissenhaft vorbereitet sind sowie Kompetenz besitzen. Allerdings wird dieses „Zeigen-was-ich-weiß-Syndrom“ von der Umwelt nicht honoriert. Blickt der Zuhörende permanent auf seine Uhr, ist das ein schlechtes Zeichen; hält er seine Uhr aber an sein Ohr, um zu prüfen, ob sie vielleicht stehen geblieben ist, ist das Gespräch bereits gescheitert.

Reaktionsmöglichkeiten

Bevor Sie sich von einem Vielschwätzer Zeit und Nerven stehlen lassen, treten Sie zur Gegenwehr an:

- „Können Sie Ihre Meinung ganz kurz und einfach formulieren?“
- „Wie hört sich Ihr Vorschlag präzise auf den Punkt gebracht an?“
- „Wie würden Sie Ihre Aussagen in einem Satz zusammenfassen?“
- „Mir fehlt die Zeit und Muße, Ihren interessanten und ausführlichen Ausführungen zu folgen.“
- „Wie stellen Sie sich das weitere Vorgehen ohne schmückendes Beiwerk ganz konkret vor?“
- “Ich bin von Hause aus ein ungeduldiger Mensch. Damit Ihre Informationen bei mir ankommen, bitte ich das Motto zu beherzigen: In der Kürze liegt die Würze.“
- „Noch ein Satz mehr und Ihre Stellungnahme wäre ein Roman geworden.“
- „Sie können sicherlich kürzer und überzeugender argumentieren, wenn Sie die Technik des Elevator Pitch einsetzen.“

Beginnt ein redseliger Mitarbeiter sich bei einer von Ihnen geleiteten Besprechungsrunde in Szene zu setzen, hören ihm die Teilnehmer zunächst (amüsiert?) zu, werden aber bei längeren Redebeiträgen schnell ungehalten, wenn Sie der Zeitverschwendung kein Ende bereiten. Mit dämpfenden Handbewegungen und Zeichen in Richtung Armbanduhr versuchen Sie ihn zu bremsen. Kommt er dennoch nicht schnell zum Schluss, achten Sie auf sein nächstes Atemholen und reagieren in diesem Moment mit einer der folgenden Varianten:

- „Vielen Dank für Ihren Beitrag. Jetzt müssen wir erst einmal verarbeiten, was Sie gesagt haben. Schon seit einigen Minuten wollen Sie das Wort, Herr …, bitte schön …"
- „Nach diesen interessanten Ausführungen muss ich Sie unterbrechen, da auch die anderen Teilnehmer etwas sagen wollen, deren Meinungen wir ebenfalls hören sollten. Bitte, Frau …"
- „Danke, Herr …, wir sollten es an dieser Stelle gut sein lassen. Herr …, Sie wollten noch etwas sagen …"
- „Herzlichen Dank, diese Informationen sollten uns genügen. Demnächst können wir darüber weiterreden. Jetzt kommen wir zum Punkt …"

Reagiert der Mitarbeiter jetzt: „Ich war doch noch nicht fertig" oder „Einen Satz muss ich noch unbedingt loswerden", setzen Sie sich durch: „Nein, jetzt bitte nicht. Jetzt haben die anderen Teilnehmer das Wort." Danach geben Sie das Wort an einen anderen Teilnehmer weiter und „übersehen" in der folgenden Zeit weitere Wortmeldungen des Vielredners.

Sein „Meisterstück" liefert ein Viel- und Drumherumredner ab, der wie folgt startet: „Ich schließe mich den Ausführungen von Frau … vollinhaltlich an. Auch bin ich der Meinung, dass …" und dann folgt das umständliche Nachbeten des bereits zuvor Gesagten, nur ein klein wenig anders ausgedrückt. Hier könnte Ihre Reaktion lauten: „Wir nehmen gern zur Kenntnis, dass Sie die Meinung von Frau … teilen. Bitte beschränken Sie sich künftig in Ihren Ausführungen in komprimierter Form auf das, was Sie uns noch wirklich Neues zu sagen haben."

Bevor Sie immer wieder einen Vielredner in Ihren Besprechungsrunden „abwürgen" müssen, sollten Sie überlegen, ihn mit der Protokollführung zu betrauen. Dann muss er sich auf diese Aufgabe konzentrieren und kann nicht ständig selbst ausufernde Ausführungen von sich geben.

Konkurrieren in Ihren Meetings gleich mehrere Mitarbeiter um die längsten Wortbeiträge, werden Sie die Redezeit begrenzen müssen.

RÜCKDELEGIERER

Ist der Mitarbeiter für bestimmte Entscheidungen verantwortlich, nehmen Sie ihm bei den ersten Schwierigkeiten die Verantwortung nicht gleich wieder ab. Vielmehr vermeiden Sie, sich ohne zwingenden Grund in den Arbeitsvorgang einzuschalten. Eine Rückdelegation ist nur zulässig, wenn Sie zu der begründeten Auffassung gelangen, dass der Mitarbeiter trotz redlicher Bemühungen hinsichtlich der Arbeitsmenge überlastet oder aufgrund seiner persönlichen Eignung überfordert ist oder dass ein bedeutender Schaden für das Unternehmen droht. Ansonsten bleibt es bei der wohlüberlegten und sinnvollen Aufgabenübertragung.

Manche Mitarbeiter, die es bisher gewohnt waren, lediglich Weisungen auszuführen, wagen sich nicht an eine neue Herausforderung heran. Sie unternehmen nichts ohne vorherige Rücksprache und Zustimmung des Vorgesetzten. Vielleicht werden sogar Unsicherheit, zu wenig Know-how, fehlende Informationen und Erfahrung oder unzureichende Zeit signalisiert, um so das Eingreifen des Vorgesetzten zu provozieren. Es ist aber auch nicht auszuschließen, dass Faulheit oder mangelndes Engagement Auslöser von „Hilferufen" des Mitarbeiters sind. Dann kommt es, wie es kommen muss – der Mitarbeiter bittet Sie um Hilfe:

- „Ohne Sie schaffe ich es nicht …"
- „So gut wie Sie kann es niemand …"
- „Ich habe da eine kleine Bitte …"
- „Sie haben doch einen guten Draht zu … Können Sie nicht auf ihn einwirken?"

Nicht jeder Vorgesetzte lehnt die Bitte um Rat und Hilfe ab. Unterschwellig besteht die Angst, den Mitarbeiter durch ein „Nein" noch weiter zu verunsichern oder wegen versagter Unterstützung als unsozial oder wenig kooperativ zu gelten. Bevor also noch Schlimmeres passiert, lässt man Gnade vor Recht ergehen und hilft. Manche Vorgesetzte laden geradezu zur Rückdelegation ein:

- „Bevor etwas falsch läuft, klären Sie das erst mit mir …"
- „Lassen Sie uns gemeinsam abwägen und entscheiden …"
- „Wenn Sie eine Entscheidung benötigen, steht meine Tür für Sie immer offen …"

Wie soll ein Mitarbeiter neue Herausforderungen bestehen oder mit seinen Aufgaben wachsen, wenn die Führungskraft bereits bei der ersten Bewährungsprobe alles revidiert und damit den Mitarbeiter in Watte packt?

Reaktionsmöglichkeiten

Bei Rückdelegation gelingt es dem Mitarbeiter, sein Problem zu Ihrem Problem zu machen – und schon werden Sie selbst zum besten Mitarbeiter Ihres Mitarbeiters!

Deshalb sollten Sie besser mit einer Frage reagieren:

- „Was haben Sie bisher schon versucht, um das Problem zu lösen?“
- „Wen haben Sie dazu schon eingeschaltet?“
- „Was schlagen Sie vor?“
- „Welche Alternativen haben Sie sich überlegt?“
- „Was würden Sie tun, wenn ich jetzt nicht hier wäre?“

Vermeiden Sie Antworten und stellen Sie stattdessen Fragen. Auf diese Weise veranlassen Sie den Mitarbeiter, selbst nachzudenken und seine Arbeit allein zu tun. Falls erforderlich, werden Sie mit ihm die für die Entscheidung notwendigen Informationen durchgehen, ihn anschließend aber selbst entscheiden lassen.

Mit den Antworten auf Ihre Fragen können Sie erkennen, ob der Mitarbeiter seine „Hausaufgaben“ gemacht, sich also vorher mit dem anstehenden Problem eingehend beschäftigt hat. Ist das nicht der Fall, werden Sie ihn auffordern, zunächst seinen Pflichten nachzukommen. Einer Ihrer Grundsätze, mit denen sich jeder Mitarbeiter abfinden sollte, muss lauten:

**Kommen Sie nicht mit Problemen,
sondern mit Antworten auf Probleme zu mir!**

Erst wenn der Mitarbeiter sich mit dem Sachverhalt gründlich beschäftigt hat, kann ein sachlich relevanter Gedankenaustausch stattfinden.

Merke: Kommt ein Mitarbeiter mit einem Problem, unterstützen Sie ihn – aber achten auch darauf, dass er das Problem anschließend wieder mitnimmt. So managen Sie Ihren Mitarbeiter. Bei Rückdelegation managt der Mitarbeiter Sie!!!

Mit der Abwehr von Rückdelegationsversuchen wird dem Mitarbeiter bewusst, dass sich seine Bemühungen um Rückdelegation nicht auszahlen und er Entscheidungen in seinem Bereich selbständig zu treffen und zu verantworten hat. Im Rahmen von Stichprobenkontrollen werden Sie den unsicheren und zur Rückdelegation neigenden Mitarbeiter häufiger kontrollieren und ihm dabei so oft wie möglich bestätigen, dass er seine Entscheidungen sachgerecht getroffen hat. Das entspricht dem Grundsatz der positiven Verstärkung wie auch Ihrer Führungsverantwortung.

Was hindert Sie daran, diesem zur Rückdelegation neigenden Mitarbeiter ein Zitat von Franz von Assisi mit auf den Weg zu geben?

TU ERST DAS NOTWENDIGE, DANN DAS MÖGLICHE
UND PLÖTZLICH SCHAFFST DU DAS UNMÖGLICHE.

Versucht der Mitarbeiter aber immer wieder, Ihnen Aufgaben und Entscheidungen zuzuschieben, für die er zuständig ist, ist es an der Zeit, mit ihm Tacheles zu reden:

Beispiel:
„Erneut versuchen Sie, eine Arbeit bei mir abzuladen. Diese Aufgabe ist nach den aktuellen Regelungen von Ihnen wahrzunehmen. Sie werden für diese Aufgabe auch angemessen bezahlt. Als Gegenleistung erwarte ich von Ihnen die Erledigung dieser Arbeit mit zumindest guten Ergebnissen. Sollten Sie sich dieser Aufgabe nicht gewachsen fühlen, müsste ich eine neue Aufgabenverteilung mit einer eventuellen Personalveränderung vornehmen. Ich empfehle Ihnen, meine Hinweise zu überdenken."

SCHAUMSCHLÄGER/BLENDER/GROSSMAUL

Wer kennt ihn nicht, den Gernegroß, Blender, Angeber, Aufschneider und Bluffer, der häufig eine große Klappe hat, bei dem außer heißer Luft nur wenig oder nichts dahintersteckt.

Der Philosoph Odo Marquard prägte 1973 für die Eigenschaft, fehlendes Fachwissen zu kaschieren und sich eigenes Unvermögen nicht anmerken zu lassen, den Begriff „Inkompetenzkompensationskompetenz“. Dem Schaumschläger macht in puncto Selbstvermarktung kaum jemand etwas vor. Sein oberstes Ziel ist es, trotz seiner fachlichen Defizite im Mittelpunkt zu stehen, aufzufallen und mit möglichst wenig Mühe möglichst schnell aufzusteigen. Dabei versucht er, fachliche Kompetenz großspurig mit wenigen Allgemeinplätzen oder Floskeln vorzugaukeln. Frühere Leistungen und Erfolge werden übertrieben und immer wieder in den Vordergrund gerückt. Damit will sich dieser Ego-Darsteller größer, bedeutender und vor allem kompetenter darstellen, als er wirklich ist. Hierzu übernimmt er oft ihm klug oder intelligent erscheinende fremde Gedanken/Aussagen, ohne sich mit ihnen ausführlich zu beschäftigen. Manchmal schrecken diese Menschen auch nicht davor zurück, die Lorbeeren für gestohlene Ideen oder Leistungen für sich zu reklamieren, die eigentlich auf das Konto von Kollegen gehen. Der Schaumschläger redet viel, wenn der Tag lang ist und hat zu allem eine Meinung, die er auch gern ungefragt darstellt. Kritische Zuhörer nehmen ihn zwar wahr, aber selten ernst (die Kollegen seufzen: „Der nun wieder … “).

Reaktionsmöglichkeiten

Weil Angeber im Berufsleben öfters erfolgreich sind als ihre bescheideneren Kollegen, die sich kaum oder nur zurückhaltend präsentieren, fleißig ihre Arbeit erledigen, Überstunden klaglos leisten und kaum die Aufmerksamkeit der Führungsetage erregen, entwickeln Sie Sensibilität in zwei Richtungen:

Nehmen Sie verstärkt jene Mitarbeiter ins Visier, die als unscheinbare Leistungsträger treu und brav ihre Arbeit ohne großes Aufheben verrichten und denken Sie an Belohnungen für deren Arbeitseinsatz in Form von Anerkennung, Leistungszulagen, Beförderung oder Ähnliches.

Dafür entlarven Sie Aufschneider. Versucht dieser „Lautsprecher“ sich mächtig ins Zeug zu legen, sollte er durch sachliches Nachfragen überführt werden:

- „Ich bin daran interessiert, Genaueres zu erfahren: Bitte informieren Sie mich ausführlich."
- „Herr X, für mich zählen nur Fakten. Auf Fakten warte ich bis jetzt vergebens. Bitte klären Sie uns im Detail auf."

Der Schaumschläger wird vielleicht versuchen, den Informationswunsch abzubügeln mit Floskeln wie „Das ist doch allgemein bekannt und jeder weiß ...", „Es geht doch um das Wesentliche und Grundsätzliche, da bringen uns Einzelheiten nicht weiter", „Das ist doch klar und leuchtet jedem ein. Was soll man da noch lange Gründe aufzählen?" oder „Wir sollten an die große Linie denken". Hiervon lassen Sie sich nicht beeindrucken, sondern fragen besser ein zweites Mal nach: „Um Ihnen folgen zu können, sollten Sie mir auf die Sprünge helfen. Welche konkreten Informationen stützen Ihre Auffassung?"

Indem Sie auf diese Weise an seiner schönen Fassade rütteln und damit die Gefahr des Aufdeckens persönlicher oder fachlicher Defizite real wird, erkennt der Schaumschläger vermutlich, dass er mit seinem unseriösen Verhalten bei Ihnen nicht punkten kann. Hiernach bleibt zu hoffen, dass er sich künftig stärker zurückhält.

Entschied sich Ihr Unternehmen für das Beurteilen von Mitarbeitern, kommt es in regelmäßigen Abständen zu Mitarbeiter-, Jahres-, Beurteilungsgesprächen, deren Ergebnisse in einem Beurteilungsbogen festgehalten werden. Sie informieren den Mitarbeiter über die Eignung für seinen gegenwärtigen Arbeitsplatz, wobei auch die von Ihnen beobachteten Defizite zur Sprache kommen. Dabei werden Sie Verhaltensveränderungen anmahnen und von deren Realisierung künftige Entwicklungsmöglichkeiten abhängig machen.

Bei der Formulierung eines Arbeitszeugnisses für einen unverbesserlichen Wichtigtuer können Sie mit der umschreibenden Formulierung „Sie/Er wusste sich gut zu verkaufen" auf seine unangenehme Eigenschaft hinweisen.

SCHLEIMER/RADFAHRER/SCHMEICHLER/ SPEICHELLECKER

Während des obligatorischen Empfangs oder des üblichen Einstands anlässlich der Übernahme Ihres Funktionsbereichs bemerken Sie gezielt vorgetragene, gelegentlich recht plumpe Anbiederungsversuche eines Mitarbeiters. Besondere Vorsicht ist angesagt, wenn Ihnen nach dem zweiten Glas das „Du" angeboten wird, es sei denn, das Duzen stellt eine allseits akzeptierte Gepflogenheit in der neuen Arbeitsumgebung dar. Kommt es allerdings zu Verbrüderungsszenen, geben Sie sich in die Hand des Mitarbeiters und dürfen sich nicht wundern, wenn der Mitarbeiter fortan Respekt und Achtung vermissen lässt.

Statt durch besondere Leistungen positiv auf sich aufmerksam zu machen, setzt der Mitarbeiter als „Chefklette" das anfängliche Schleimen fort. Er achtet darauf, Ihnen keinesfalls zu widersprechen, sondern outet sich permanent bis zur Selbstverleugnung als Ihr Parteigänger. In Besprechungen begleitet er Ihre Ausführungen andächtig und mit eifrigem Kopfnicken. Anstatt eigene Ideen zu entwickeln, begrüßt er die Vorstellungen des Vorgesetzten und blockiert hierdurch die eigene Weiterentwicklung und den Fortschritt im Unternehmen. Mit seinem vorauseilenden Gehorsam und unterwürfigen Verhalten will er sich nach außen als besonders loyaler Mitarbeiter erweisen. Tatsächlich fühlt er sich vor allem der eigenen Karriere verpflichtet und nicht dem Unternehmen. Natürlich bleibt nicht aus, dass er Ihnen hin und wieder schmeichelt („Wie Sie das wieder hinbekommen haben, alle Achtung!"). Dieser Süßholzraspler schreckt auch nicht davor zurück, Sie mit internen und vertraulichen Informationen zu versorgen und als → Denunziant zu fungieren. Mit seinem „Radfahren" erhofft er sich, von Ihnen bevorzugt behandelt zu werden und sich gegenüber Kollegen einen Vorteil zu verschaffen.

Reaktionsmöglichkeiten

Um das Betriebsklima nicht negativ zu beeinflussen, werden Sie sich bemühen, den „Nasenfaktor" zurückzudrängen, das heißt, alle Mitarbeiter auf der menschlichen Ebene gleichzubehandeln und niemanden zu bevorzugen oder zu benachteiligen. Ließen Sie den Kriecher kommentarlos gewähren, wären Sie im Laufe der Zeit für seine Beeinflussungsversuche eher empfänglich, was sich dauerhaft negativ auf das Betriebsklima auswirken würde. Das Auftreten des Schleimers bliebe seinen Kollegen nicht verborgen, die anfänglich Witze über ihn reißen, bei seinen Wortmeldungen mit den Augen rollen und ihn nach einiger Zeit aber ablehnen würden.

Bereits in Ihrer Antrittsrede als neuer Vorgesetzter weisen Sie die Mitarbeiter auf eines Ihrer Ziele hin, nämlich eine Ungleichbehandlung der Mitarbeiter im menschlichen Bereich vermeiden zu wollen. Sie würden sich bemühen, Mitarbeiter weder durch eine rosarote Brille zu betrachten noch in eine Schwarzseherei zu verfallen. Vielmehr komme es Ihnen darauf an, nach der 4-M-Regel (**M**an **M**uss **M**enschen **M**ögen) alle Mitarbeiter gleichermaßen zu behandeln. Dabei läge es bei dem einzelnen Mitarbeiter, sich durch besonders positive berufliche Leistungen hervorzutun.

Hat ein Mitarbeiter Ihre Hinweise in den Wind geschlagen, werden Sie ihn bei passender Gelegenheit auf sein unerwünschtes Verhalten ansprechen:

Beispiel:
„Herr X, mir ist aufgefallen, dass Sie mir auch bei unterschiedlichsten Fragestellungen zustimmen (*Vorsorglich einige Beispiele aus letzter Zeit parat haben, falls der Mitarbeiter Ihre Beobachtungen in Abrede stellt*). Dafür kommen von Ihnen keine anderen Vorschläge oder gar entgegengesetzte Meinungen. Ich halte überhaupt nichts davon, wenn Mitarbeiter mir nach dem Mund reden. Sollen gute Entscheidungen getroffen werden, möchte ich das Know-how meiner Mitarbeiter einbeziehen. Mir ist es lieber, mehrere und auch unterschiedliche Auffassungen zu erfahren, um bessere Entscheidungen treffen zu können. Von Ihnen erwarte ich, dass Sie sich konstruktiv am Meinungsaustausch beteiligen und sich im Einzelfall auch nicht scheuen, als Querdenker, Visionär und Aufrüttler zu fungieren.

Und noch eins: Zwar ist es ganz nett, Komplimente und Zustimmung von seinen Mitarbeitern zu erhalten. Das bewirkt in meinem Fall aber keine bevorzugte Behandlung. Bei mir gibt es keine Günstlingswirtschaft, sodass Sie mit entsprechenden Versuchen bei mir ins Leere laufen.“

SCHREIBTISCHCHAOT

Die 18 Millionen beruflich und 2 Millionen privat genutzten Schreibtische in Deutschland sind die Möbelstücke, an denen viele Menschen mehr Zeit verbringen als am heimischen Esstisch mit der Familie. Statistisch gesehen verweilt der „Schreibtischtäter“ sieben Jahre seines Lebens im Büro und dabei überwiegend an seinem Schreibtisch. Man sollte annehmen, dass sich die Menschen bei dieser Aufenthaltsdauer an ihren Arbeitsplätzen wohlfühlen wollen und schon deshalb für Ordnung sorgen. Dieser Vermutung widersprechen allerdings erstaunliche Zahlen:

- Der Arbeitsmediziner Thomas Hackländer vom Arbeitsmedizinischen Zentrum in Gelsenkirchen spricht von rund 20 Prozent weniger Arbeitsleistung – verursacht durch das Schreibtischchaos.
- Nach einer Studie des Stuttgarter Fraunhofer-Instituts für Produktionstechnik und Automatisierung zum „Schlanken Büro“ werden gut 10 Prozent der Arbeitszeit durch überflüssige oder fehlende Arbeitsmaterialien oder ständiges Suchen nach dem richtigen Dokument in chaotischen Dateiverzeichnissen verschwendet.
- Experimente mit Studenten in den USA ergaben, dass Personen an überfüllten Schreibtischen bis zu 90 Minuten täglich mit Umherschieben, Umstapeln und Suchen beschäftigt sind.

Das Märchen vom Vorgesetzten, der sich über die Papierburgen gleichenden Schreibtische seiner Mitarbeiter freut, hält der Realität nicht stand. Vorgesetzte, Kollegen, Kunden und Besucher schließen vom Aussehen eines vollgemüllten Schreibtischs auf die gesamte Arbeitsweise des Eigentümers. Selbst wenn der Schreibtischbenutzer den Überblick im Chaos nicht verliert, wirkt er auf Dritte wenig kompetent und schlecht organisiert. So kann der chaotische Arbeitsplatz schnell zum Karrierekiller werden.

Beim Anblick mancher Arbeitsplätze drängt sich der Verdacht auf, es hätte eine Bombe eingeschlagen. Für den Schreibtischbenutzer muss es demotivierend sein, morgens ins Büro zu kommen und schon nach kurzer Zeit den mit Stiften, Schmierzetteln, Vorschriften, Aktennotizen, alten Dokumenten, Merkzetteln, Ordnern, Heftern, Umläufen, Rundschreiben, Broschüren, Tesa-Rollern, Markern, Klebestiften, Zeitungen und Fachzeitschriften übersäten Schreibtisch zu sehen. Lassen sich dann noch quasi als Krönung schmutzige Kaffeetassen unter Papierstapeln entdecken, ist es nicht verwunderlich, wenn er in diesem Moment am liebsten den Raum verlassen und das Weite suchen möchte. Hat sich zusätzlich auf Stühlen, Hockern, Aktenböcken, Schränken, Fensterbrettern oder anderen horizontalen Flächen diverses Schriftmaterial zu ansehnlichen Stapeln aufgetürmt, verstärkt sich die Demotivation. In dieser chaotischen Umgebung ist es nahezu unmöglich, auf Dauer einen klaren Kopf zu behalten.

Hat sich ein windschief zusammengeschobener, kaum entwirrbarer Stapel verschiedenster Papiere gebildet (Merke: Papierstapel pflegen zu wachsen – manchmal wachsen sie dem Schreibtischbenutzer über den Kopf! – und wichtige Unterlagen zu „verschlucken"), erlahmt der möglicherweise aufkeimende Ehrgeiz, gegen dieses Tohuwabohu anzugehen. Der Schreibtischeigentümer ergibt sich in sein Schicksal, betrachtet seinen Schreibtisch fortan als Bermuda-Dreieck und ahnt, nie wieder die Farbe seiner Schreibtischunterlage sehen zu können. Wen wundert es, wenn sich dieser Schreibtischchaot unbeholfen und genervt durch den Arbeitstag kämpft und bereits kurz nach Arbeitsbeginn den Feierabend herbeisehnt.

Besonders gravierend ist der Zeitverlust, der durch das Suchen fehlender Arbeitsmaterialien sowie Beiseiteräumen störender Gegenstände verursacht wird. Gelegentlich können Fristen und Deadlines nicht eingehalten werden, weil wichtige Vorgänge und relevante Unterlagen vorübergehend – im schlimmsten Fall dauerhaft – verschollen sind. Selbst wenn im Einzelfall das Suchen nahezu unbemerkt nur eine Minute dauert, summieren sich die Suchzeiten pro Woche auf Stunden und machen das ganze Ausmaß des Zeitdiebstahls erkennbar.

Der englische Schriftsteller Alan Alexander Milne gewann der fehlenden Ordnung immerhin noch einen mit Augenzwinkern versehenen Pluspunkt ab:

EIN VORTEIL DER UNORDENTLICHKEIT LIEGT DARIN,
DASS MAN DAUERND TOLLE ENTDECKUNGEN MACHT.

Reaktionsmöglichkeiten

Hat der Schreibtischchaot keine Kontakte zu Besuchern und erledigt er seine Arbeiten – trotz der immer wieder auftretenden Sucherei – zeitnah, ist Ihr sofortiges Eingreifen nicht zwingend. Bei Publikumsverkehr wird sich seine Unordnung allerdings negativ auf das Image des Unternehmens niederschlagen und Sie zum Einschreiten veranlassen. Sie wirken auf den Mitarbeiter ein, für einen aufgeräumten, sauberen und einladenden Schreibtisch zu sorgen, an dem er sich gern aufhält. Seinem Motto „Das Genie beherrscht das Chaos" sollte er unbedingt abschwören.

Wollen Sie Regelungen zur Sauberkeit und Ordnung am Arbeitsplatz treffen, ist jedoch die vorherige Zustimmung des Betriebsrats erforderlich.

Merkpunkte für die Ordnung am Arbeitsplatz

- Es liegen prinzipiell nur Unterlagen von Aufgaben auf dem Schreibtisch, an denen in diesem Moment gearbeitet wird.
- Alle tagesaktuellen und häufig genutzten Arbeitsmittel und Unterlagen befinden sich in direkter Griffweite, ohne dass ein Aufstehen erforderlich wird. Nach häufig benutzten Formblättern und Telefonnummern muss ebenso wenig gesucht werden wie nach Stiften aller Art, Markern, Klammern.
- Die wichtigen Materialien haben ihren festen Platz und kommen nach Gebrauch an ihren angestammten Platz zurück, ansonsten herrscht immer wieder Chaos.
- Werden Pinnwände, Tastaturen, Bildschirmränder oder Schreibunterlagen mit Notizzetteln/Post-its „bepflastert", ist der Weg zu einer im Chaos endenden umfangreichen Zettelwirtschaft geebnet. Wichtig ist, von kleinen, losen, irgendwo herumliegenden Zetteln wegzukommen und je nach Vorlieben und Möglichkeiten auf Notizbuch, Aktivitätenblock oder eine elektronische Variante umzusteigen.
- Der Punkt „Ablage" steht bei vielen Menschen ganz oben auf der Liste ungeliebter Arbeiten. Zu Blöcken gebündelt und gleichsam als Abwechslung zu Aufgaben hoher Priorität in leistungsschwachen Zeiten vorgesehen, wird die Ablage zügig und regelmäßig abgearbeitet.
- Der Mitarbeiter will sich vermutlich nicht als Messie oder sammelwütigen Eichhörnchen-Typ bezeichnen lassen. Auch wenn der Mensch von Natur aus Jäger und Sammler ist, muss der Versuchung widerstanden werden, alle Dinge nach dem Motto „Das könnte ich irgendwann einmal brauchen, möglicherweise kann das noch einmal von Bedeutung sein" aufzuheben. Auch wenn der Mitarbeiter nicht über ein Wegwerf-Gen verfügt, sollte er Ablagen regelmäßig von Ballast befreien (Brauche ich das jemals wieder?). Das gilt auch für den PC. Wie jedes Arbeitswerkzeug sollte dieser stets aufgeräumt und regelmäßig „ausgemistet" werden. Der Schriftsteller Kurt Tucholsky gab zu bedenken:

  DIE BASIS EINER GESUNDEN ORDNUNG IST EIN GROSSER PAPIERKORB.

  Wurde längere Zeit nicht mehr „ausgemistet" und gleicht der Schreibtisch mittlerweile einem Altpapierlagerplatz, helfen kleine Schritte (täglich maximal 15 Minuten) mehr als eine gelegentliche kompromisslose Komplettentrümpelung.
- Am Ende des Arbeitstags wird der Schreibtisch aufgeräumt. Mit dieser täglichen „Grundreinigung" kann der anschließend beginnende Feierabend eher in vollen Zügen genossen werden.
- Für die Zukunft muss es heißen:

Konsequent Ordnung halten statt mit viel Zeitaufwand immer wieder Ordnung schaffen!

SCHWEIGER/INTROVERTIERTER

Schweiger zählen zu den introvertierten Menschen, die schnell übersehen werden. Sie halten sich gern zurück, geben sich reserviert und sind nach innen gekehrt. Häufig gefallen sie sich in der Rolle des Schweigers, der sich zwar Ihre Argumente anhört, dennoch kaum hierauf reagiert. Möglicherweise hält ihn seine fehlende Selbstsicherheit davon zurück, mit eigenen Beiträgen in Erscheinung zu treten. Seine Zurückhaltung sollte kein Grund für Sie sein, ihn zu unterschätzen – im Volksmund heißt es nicht umsonst: „Stille Wasser sind tief."

Die Zurückhaltung kann der Schweiger auch als taktisches Mittel einsetzen: Das Wort eines ständigen Dampfplauderers hat kaum Gewicht, während das Wort eines schweigsamen Mitarbeiters im Ernstfall sehr viel schwerer wiegt.

Für Sie stellt sich die Frage, wie Sie mit einem Mitarbeiter ins Gespräch kommen können, wenn dieser den Mund nicht öffnet. Seine Argumente stehen ihm leider nicht auf die Stirn geschrieben. Und wie wollen Sie auf seine Einwände reagieren, wenn er diese für sich behält?

Reaktionsmöglichkeiten

Locken Sie den Schweigsamen aus der Reserve, indem Sie an seine Hilfsbereitschaft und Loyalität appellieren, zum Beispiel: „Hier komme ich nicht weiter. Jetzt bin ich auf Ihre Sachkompetenz angewiesen …"

Dennoch wird es Situationen geben, in denen Sie dem introvertierten Schweiger jedes Wort aus der Nase ziehen müssen. Durch den intensiven Einsatz von Fragen, die durchaus auch provokativen Charakter haben können, rücken Sie den Schweiger in den Mittelpunkt des Geschehens, wodurch es ihm schwergemacht wird, seine zurückhaltende Rolle beizubehalten:

- „Was haben Sie gegen diesen Vorschlag?"
- „Bisher haben Sie sich noch nicht geäußert. Was gefällt Ihnen an dieser Idee?"
- „Aus Ihrem Schweigen entnehme ich, dass Sie mit meinen Ausführungen einverstanden sind. Was kann ich also konkret festhalten?"
- „Welche Meinung haben Sie als bodenständiger Fachmann/Praktiker dazu?"
- „Sie haben doch besondere Erfahrungen auf diesem Gebiet. Wie schätzen Sie den Lösungsvorschlag ein?"
- „Da ich Ihre Ansichten gern erfahren möchte, bitte ich um Ihre Gedanken hierzu."

- „Sie sind in diesem Punkt sehr zurückhaltend. Denken Sie an bisher noch nicht vorgetragene Überlegungen, wenn ja, welche?“
- „Sie haben doch kürzlich schon einmal mit einem ähnlichen Fall zu tun gehabt. Worauf kam es dabei besonders an?“

Um das Know-how des Schweigsamen in Meetings zu nutzen, weisen Sie ihm rechtzeitig vor der Zusammenkunft einen Arbeitsauftrag (z. B. Vortrag, Präsentation) zu. So kann er sich auf seinen Beitrag vorbereiten und fühlt sich von Ihnen nicht überfahren.

Gelegentlich wird in Gesprächssituationen das Schweigen (eine Technik für Nervenstarke) oder auch Einsilbigkeit als Waffe eingesetzt, um die andere Partei aus der Reserve zu locken und sich einen taktischen Vorteil zu verschaffen. Denn viele Menschen ertragen Gesprächspausen nur schwer und füllen das Vakuum aus unterschiedlichen Gründen mit eigenen Aussagen. Es kann das Gefühl der Leere oder des Zeitverlusts entstehen, aber auch die Angst aufkommen, als weniger geeignet/unfähig zur Führung eines Gesprächs betrachtet zu werden. Indem der Mitarbeiter bewusst eine längere Pause macht, animiert er seinen Vorgesetzten zu mündlichen Aktivitäten, erfährt möglicherweise sonst im Hintergrund bleibende Ansichten und Fakten, die er anschließend in seinem Sinne nutzt.

Auf die Spielchen eines „taktischen“ Schweigers fallen Sie nicht herein, sondern halten trotz der eingetretenen Gesprächspause Ihr Pulver trocken und versuchen, den Mitarbeiter mit einer der vorgenannten Fragen hinter dem Ofen hervorzulocken.

Abschließend einige Anmerkungen zu introvertierten Mitarbeitern:

Obwohl Introvertierte häufig als unauffällig, schüchtern, ängstlich, schweigsam und verschlossen charakterisiert werden, sollten Sie sich ihrer Vorzüge bewusst sein: Introvertierte denken erst und sprechen – wenn überhaupt – dann mit der Folge, dass ihre Beiträge fundierter sind, als es bei extrovertierten Menschen der Fall ist. Auch wenn um sie herum ein Tohuwabohu herrscht, neigen sie weder zu voreiligem Aktionismus noch zu unausgegorenen Ad-hoc-Entscheidungen (worunter allerdings das Entscheidungstempo leiden kann), sondern strahlen Ruhe und Besonnenheit aus. Sie erweisen sich auch als gute Zuhörer und gewissenhafte Kollegen.

Um das Potenzial eines introvertierten Mitarbeiters besser zu nutzen, sollten Sie
- ihn immer wieder ermutigen, seine Meinung in Teambesprechungen einzubringen,
- fest umrissene Arbeitsaufträge erteilen, bei denen er nur in geringem Maße auf die Zusammenarbeit mit Kollegen angewiesen ist,
- seine positiven Leistungen auch anerkennend hervorheben und
- ihm Freiräume eröffnen sowie eine ruhige Arbeitsumgebung ermöglichen, in der er ungestört arbeiten kann.

Akzeptieren Sie, dass sich der Introvertierte trotz Ihrer Bemühungen kaum zu einem Teamplayer entwickeln wird. Indem Sie ihn nehmen, wie er ist, legen Sie den Grundstein für eine gute und vertrauensvolle Zusammenarbeit.

SENSIBLER

Das Nervenkostüm sensibler Mitarbeiter ist oft zart besaitet, sie sind psychisch überdurchschnittlich empfindsam und leicht verletzbar. Demzufolge verfügen sie in der Regel über eine geringe Frustrationstoleranz, sodass sie schon bei einem geringen Anlass Überreaktionen zeigen. So bricht eine Mitarbeiterin bei Kritik in Tränen aus, während sich bei gleichem Anlass ein Mitarbeiter emotional isoliert, indem er sich in den ihm als Schutz dienenden Schmollwinkel zurückzieht.

Selbst wenn sie sich keiner Schuld bewusst sind, reagieren manche Vorgesetzte bei den vorgenannten Reaktionen des Sensiblen verunsichert. Sie fühlen sich hilflos, wenn der Gesprächspartner in Tränen ausbricht und untröstlich zu sein scheint. Manche Vorgesetzte versuchen dem entgegenzuwirken, indem sie den sensiblen Mitarbeiter in Watte packen, mit Samthandschuhen anfassen und bis zur Selbstverleugnung jedes Wort auf die Goldwaage legen:

- „Ich will Ihnen wirklich nicht zu nahe treten, allerdings ..."
- „Wäre es Ihnen eventuell möglich ..."
- „Ob Sie einmal in Betracht ziehen könnten, ..."

Bei dieser fast bis zur Unkenntlichkeit „weichgespülten" Kritik wundern sich Außenstehende, aber auch die Kollegen, über die aus sachlichen Gründen nicht gerechtfertigte, wohlwollende Sonderbehandlung.

Reaktionsmöglichkeiten

Zeigt der Sensible durch sein Verhalten, wie stark er unter der Situation leidet, sollte der Vorgesetzte weder seinem Samariterherzen folgen noch mit tröstenden Worten („Das kann jedem passieren", „Das wird schon wieder", „Nehmen Sie sich das nicht so zu Herzen") auf den Mitarbeiter einwirken. Häufig lassen sich sogar „knallharte" Führungskräfte von Tränenattacken derart beeindrucken, dass sie Kritik oder Weisungen zurücknehmen in der Hoffnung, die missliche Situation durch ihr Einlenken glimpflich zu überstehen.

Zunächst wäre die Ursache zu ermitteln, die den Mitarbeiter zu seiner Überreaktion veranlasst hat. Antworten auf die neutrale Frage: „Was ist geschehen?" helfen zur Einschätzung der Situation. Hiernach können Sie erkennen, ob ein berufliches oder privates Problem Ursache für die plötzliche Entladung des Mitarbeiters ist.

Bei betrieblichen Problemen werden Sie keine Abstriche am Leistungsverhalten trotz möglicher Schonungstränen zulassen. Auch wenn Sie der Mitarbeiter in dieser besonderen Situation aufgewühlt hat, weichen Sie nicht von Ihrer klaren Linie ab: Stehen keine unlösbaren Probleme entgegen, hat auch der sensible Mitarbeiter seine Aufgaben bestmöglich auszuführen. Ihre Reaktionen auf private Probleme entnehmen Sie den Seiten 117 und 126.

Ein Wort zu Tränenausbrüchen: Wer weint, trägt sein Inneres nach außen und zeigt, dass er sich verletzt fühlt und aufgewühlt ist. Tränen sagen nur etwas über die emotionale Betroffenheit des Mitarbeiters aus. Sie können nie Argumentationshilfen sein. Ignorieren Sie die Tränen und bleiben Sie auf der Sachebene. Damit vermeiden Sie, sich durch den Tränenfluss manipulieren zu lassen.

In Besprechungen hält sich der Sensible zumeist zurück, weil er sich gehemmt fühlt, in der Öffentlichkeit oder vor Fachleuten zu sprechen. Wollen Sie ihn einbeziehen, stellen Sie ihm eher leichte Fragen zu Sachverhalten, in denen er sich sicher fühlt. Bei konstruktiven Antworten geben Sie indirekte Anerkennung und stärken so sein Selbstbewusstsein.

Vielleicht können Sie den Sensiblen auf die Möglichkeit aufmerksam machen, Gelassenheit anzutrainieren, damit er die beruflichen Probleme leichter nimmt, ohne oberflächlich zu werden. Er kann lernen, auch bei Krisen die Nerven zu behalten und zu verhindern, dass Kritik und Enttäuschungen sofort unter die Haut gehen. Gemeint ist zum Beispiel autogenes Training, das kostengünstig von den meisten Volkshochschulen angeboten wird.

Der hochsensible Mitarbeiter, der Umweltreize umfassender sowie intensiver wahrnimmt und bewusst verarbeitet, kann für ein Unternehmen ein Glücksfall sein. Er verfügt zumeist über eine hohe soziale Kompetenz und versteht es daher, Konflikte in Arbeitsgruppen wahrzunehmen und auszuräumen, bevor sie eskalieren. Mit seiner Empathie, Problemlösungskompetenz und Intuition verfügt er über wertvolle Eigenschaften, sofern er vor zu vielen Reizen geschützt wird. Deshalb sollten Sie es vermeiden, ihm einen Arbeitsplatz im Großraumbüro zuzuweisen, sondern stattdessen eine ruhige Arbeitsatmosphäre einräumen – sofern das raumtechnisch möglich ist.

SPEZIALIST MIT DIVA-ALLÜREN

Manche Führungskräfte meinen, sie müssten ein umfangreicheres Fachwissen als jeder ihrer Mitarbeiter besitzen. Träfe diese Auffassung zu, wären viele Führungskräfte sicherlich überfordert, weil immer häufiger Mitarbeiter (= Spezialisten) dem Vorgesetzten (= Generalist, Universalist) in ihrem Teilbereich an Sachwissen überlegen sind. Heutzutage kann sich kaum noch ein Vorgesetzter ständig mit jedem seiner Mitarbeiter im fachlichen Bereich messen und den Vergleich für sich entscheiden. Würde er sich dennoch in diesen fachlichen Wettbewerb stürzen, käme es zu einem unangemessen hohen Energieeinsatz, unter dem andere Aufgaben, insbesondere die von ihm wahrzunehmenden und nicht delegierbaren Führungsaufgaben leiden würden. Denn je höher eine Person in der betrieblichen Hierarchie aufsteigt, umso mehr verringert sich der Anteil der Fachaufgaben zugunsten der Führungsaufgaben.

Würde sich die Führungskraft mit viel Mühe einen fachlichen Vorsprung vor ihren Mitarbeitern erarbeiten und anschließend den Eindruck vermitteln, alles besser zu wissen und besser zu können, sähen sich die Mitarbeiter möglicherweise in ihrem Prestige verletzt und würden sich zu bloßen Handlangern degradiert fühlen. Bei der erstbesten Gelegenheit würden diese Mitarbeiter zu einem anderen Arbeitgeber wechseln, der sie als Fachleute akzeptiert und entsprechend einsetzt.

Führungskräfte müssen nicht alles wissen, sondern sollen ein in die Breite gehendes Fach- und Methodenwissen aufweisen, während von den als Spezialisten eingesetzten Mitarbeitern ein in die Tiefe gehendes Fachwissen zu fordern ist.

Allerdings müssen Führungskräfte über ein fachliches Grundlagenwissen zu den Tätigkeiten ihrer Mitarbeiter verfügen, um diese richtig einsetzen, beurteilen und im Bedarfsfall durch geeignete Maßnahmen unterstützen zu können. Fehlt dieses Wissen und fällt der Vorgesetzte in der Sache als Gesprächspartner aus, wird die Luft für ihn recht dünn.

Reaktionsmöglichkeiten

Trotz Ihres in die Breite gefächerten Fachwissens sind Sie immer wieder auf das in die Tiefe gehende Spezialistenwissen Ihrer Mitarbeiter angewiesen. Dem Fachwissen Ihrer Spezialisten dürfen Sie zwar Respekt zollen, jedoch sollte diese Haltung nicht dazu führen, dass Ihre Experten Narrenfreiheit genießen. Beziehen Sie Ihre qualifizierten Spezialisten intensiv in das Betriebsgeschehen ein. „Diva-Allüren“ wie Absonderungstendenzen, Egoismus und Einzelkämpfertum lassen Sie im Interesse des Unternehmenserfolgs und des Betriebsklimas nicht zu.

Auf die folgenden motivierenden Aspekte sollten Sie bei der Führung von Spezialisten besonders achten:

- Sie machen von der Möglichkeit der Delegation regen Gebrauch. Hierdurch ermöglichen Sie Ihren Experten eine hohe Selbstständigkeit mit großen Handlungs- und Entscheidungsspielräumen. Das stärkt die Eigenverantwortung, was wiederum motivierend wirkt.
- Nutzen Sie das fachliche Potenzial Ihrer Spezialisten durch deren Beteiligung an Ihren Aufgabenstellungen (z. B. vorbereitende Arbeiten für Ihre wichtigen Entscheidungen) im Status eines „Beraters". Sie vergeben sich nichts, wenn Sie sie nach ihrer fachlichen Expertise fragen.
- Versagen Sie dem Spezialisten bei guter Aufgabenerledigung nicht die gebührende Anerkennung. Vor allem bei besonders qualifizierten Mitarbeitern ist man versucht, positive Arbeitsergebnisse als selbstverständlich zu betrachten.
- Abwanderungstendenzen wirken Sie bei besonders qualifizierten Spezialisten durch ansprechende materielle Leistungen und Bereitstellen von Statussymbolen entgegen, die mit denen von Führungskräften vergleichbar sind.
- Hochqualifizierte Spezialisten sind stolz auf ihr Können und Wissen und treten oft selbstbewusst auf. Sie hinterfragen Ihre Auffassungen und Entscheidungen, wodurch Sie sich vielleicht angegriffen fühlen. Sehen Sie besser das Positive. Jede Intervention des Spezialisten betrachten Sie als Ausdruck seines Engagements.
- Trotz des vorhandenen umfangreichen Fachwissens sorgen Sie mit Qualifizierungsmaßnahmen dafür, dass der hohe Level erhalten bleibt bzw. weiter ausgebaut wird.

Nimmt sich der nur mit größten Schwierigkeiten halbwegs zu ersetzende Spezialist nicht hinnehmbare Freiheiten heraus, fassen Sie eine nachhaltige Problemlösung ins Auge:

- Sie achten auf eine Aufgabenverteilung, durch die auch bei Ausfall des Spezialisten schnell ein Ersatz zur Verfügung steht.
- Auch wenn erhebliche Kosten damit verbunden sind, prüfen Sie, ob ein geeigneter Mitarbeiter nach speziellen Qualifizierungsmaßnahmen zu einem vollwertigen Ersatz herangebildet werden kann.
- Vielleicht kann ein seriöses Arbeitnehmerüberlassungsunternehmen einen geeigneten Spezialisten vorübergehend zur Verfügung stellen.

Auf jeden Fall besteht für Sie Handlungsbedarf. Schließlich kann täglich die Situation eintreten, dass der Spezialist wegen Krankheit, Unfall oder Ähnlichem längerfristig ausfällt. Gelingt es Ihnen, Ihren Bereich so aufzustellen, dass der Betrieb und die Arbeitsabläufe bei seinem Ausfall keinen größeren Schaden nehmen, selbst wenn ein besonders wichtiger Leistungsträger kündigt und abwandert, vermitteln Sie damit dem Mitarbeiter eine unbequeme Botschaft: Jeder Mitarbeiter – auch er – lässt sich ersetzen!

Bei guten Spezialisten besteht immer Fluktuationsgefahr, da sie selbst bei schwierigen Arbeitsmarktverhältnissen nachgefragt werden. Mancher kaum ersetzbare Spezialist glaubt, mit einem gelegentlichen Hinweis auf einen Arbeitsplatzwechsel den derzeitigen Arbeitgeber für seine Wünsche gefügig zu machen. Einige Alarmzeichen signalisieren eine verstärkte Wechselbereitschaft:

- Abwesenheitszeiten häufen sich. Es liegt die Vermutung nahe, dass der Mitarbeiter seinem gedanklich schon abgeschriebenen Arbeitsumfeld auf diese Weise zeitweilig entfliehen möchte.
- Mehrfach genommene einzelne Urlaubstage deuten darauf hin, dass diese Tage benötigt werden, um Vorstellungsgespräche wahrzunehmen.
- Bei längerfristigen Planungen (z. B. Förder- und Entwicklungsmaßnahmen, Vertretungsregelungen, Übernahme einer Projektleitung) hält er sich spürbar zurück.
- Möglicherweise sind Ihnen aus dem Kollegenkreis oder anderen Betriebsteilen entsprechende Andeutungen zu Ohren gekommen.
- Der Mitarbeiter wünscht ein qualifiziertes Zwischenzeugnis ohne nachvollziehbare Begründung.

Doch selbst bei konkreten Wechselabsichten Ihres Spezialisten können Sie sich in Gelassenheit üben, wenn Sie sich erfolgreich rechtzeitig um eine nachhaltige Problemlösung bemühen.

STREITSÜCHTIGER

Streitsüchtige leben nach dem Motto: Nur keinen Streit vermeiden! Sie warten nur auf eine Schwäche oder Unvorsichtigkeit des Gegenübers, um dann die Argumente von Gesprächspartnern zu zerpflücken, ihn persönlich anzugreifen oder sogar mundtot zu machen. Vermutlich empfinden sie perverse Freude, Wirbel zu erzeugen und alles durcheinanderzubringen. Ihr unsoziales Verhalten erzeugt einen fortwährenden Anspannungszustand bei Vorgesetzten, Kollegen, Mitarbeitern und Kunden. Die Folge: Auf Dauer kommt es zu einer unerwünschten Verschlechterung des Betriebsklimas. Im Extremfall neigen die Kollegen oder Mitarbeiter eines Streitsüchtigen zur Fluktuation, was für das Unternehmen einen Know-how-Verlust bedeuten kann.

Reaktionsmöglichkeiten

Dem Streitsüchtigen kommt es nicht darauf an, einen gesitteten Umgang mit seiner Umwelt zu pflegen, für Harmonie zu sorgen und den Betriebsfrieden zu wahren. Es ist ihm gleichgültig, dass er anderen Betriebsangehörigen das Leben schwer macht und kaum eine Gelegenheit verstreichen lässt, anderen eins auszuwischen. Indem er durch sein Verhalten den Betriebsfrieden stört, werden Sie dieses Fehlverhalten nicht auf die leichte Schulter nehmen, sondern nach fruchtlosen Ermahnungen eine Abmahnung aussprechen.

Gewinnen Sie den Eindruck, ein Mitarbeiter wolle mit Ihnen streiten, bemühen Sie sich um Gelassenheit. Indem Sie tief durchatmen, beruhigen Sie Ihren Organismus. Mit einer Gegenfrage gewinnen Sie etwas Abstand und Zeit:

- „Wie meinen Sie das?"
- „Was wollen Sie mir genau sagen?"

Diese Zeit – auch wenn es nur wenige Sekunden sind – hilft Ihnen, sich ein klein wenig abzukühlen und nicht sofort Ihren Emotionen nachzugeben oder zurückzuschlagen. So vermeiden Sie Streitgespräche und bleiben eher bei der Sache. Auf Außenstehende wirken Sie wie jemand, der Herr der Lage ist und nicht wie ein kopfloses Huhn durch die Gegend rennt. Bewahren Sie also einen kühlen Kopf, vor allem bei Provokationen und fragen Sie beispielsweise:

- „Ihren persönlichen Angriff möchte ich nicht kommentieren, weil es mir um die Sache geht. Was spricht dafür …?“
- „Auf diesen persönlichen Angriff will ich nicht reagieren. Eine Fortsetzung des Gesprächs auf dieser unschönen Ebene entspricht doch nicht unserem Niveau, nicht wahr?“
- „Okay, diese Entgleisung will ich überhört haben. Ich gebe Ihnen noch eine Chance. Wir streichen Ihren persönlichen Angriff und beginnen noch einmal von vorn. Einverstanden?“
- „Ihren letzten Satz haben Sie sicherlich nicht als persönlichen Angriff gemeint?“

Im Wiederholungsfall fordern Sie Mäßigung ein. Schießt der Mitarbeiter mit seinen Angriffen erheblich über das Ziel hinaus, sind Sie frei, arbeitsrechtliche Schritte bis hin zur sofortigen verhaltensbedingten Kündigung einzuleiten.

STUHLSÄGER

Gravierende Probleme treten auf, wenn Sie ausfallen und niemand in der Lage ist, Ihre Aufgaben wahrzunehmen und sich kurzfristig auch keine Abhilfe schaffen lässt. Dann kann das Fehlen eines eingearbeiteten Stellvertreters ernsthafte Probleme auslösen: Der Zuständigkeitsbereich gerät ins Stocken, wichtige Termine sind nicht mehr einzuhalten, zu treffende Entscheidungen weichen von der bisherigen Linie ab, Auftragsrückstände übersteigen ein vertretbares Maß, bereits eingeplante Aufträge gehen verloren usw.

In einem gut aufgestellten Unternehmen werden die anstehenden Aufgaben in der erforderlichen Qualität von Ihrem Stellvertreter wahrgenommen. Mit dem Stellvertreter wird die Kontinuität Ihres Aufgabenbereichs am besten gewährleistet, weil ein voll handlungsfähiger Vertreter die Fäden in der Hand hält.

Nicht jede Führungskraft bemüht sich um eine sinnvolle Regelung, weil die Vorstellung, sich um einen geeigneten Vertreter kümmern zu müssen, größere Sorgen auslösen kann. Kommt es doch gelegentlich vor, dass der Rückkehrer von übergeordneter Stelle mit der Bemerkung empfangen wird: „Ich habe überhaupt nicht geahnt, was für ein guter Mann Ihr Vertreter ist. Er hat einige Erfolg versprechende Dinge angekurbelt, an die bisher niemand gedacht hat." Der Stelleninhaber leidet ab sofort unter dem „Stuhlsägekomplex" und betrachtet den Stellvertreter als rücksichtslosen Konkurrenten, der nur auf seinen Abgang wartet oder diesen durch eigenes Tun noch beschleunigen will.

Es wird immer wieder von Führungskräften berichtet, die diesem Dilemma aus dem Weg zu gehen versuchen, indem sie weder eine krankheitsbedingte Auszeit nehmen noch den zustehenden Erholungsurlaub zum Auftanken ihrer physischen und psychischen Kräfte länger als eine Woche nutzen. Insgeheim haben sie sich entschlossen: „Ich werde mir doch nicht den eigenen Sarg in mein Büro stellen."

Soll eine Stellvertretung akzeptiert und mit guten Ergebnissen praktiziert werden, muss das Unternehmen auf die strikte Beachtung unverzichtbarer Regeln bestehen:

Der Stellvertreter ist zu absoluter Loyalität und Fairness gegenüber dem Stelleninhaber verpflichtet. Für ihn muss es ausgeschlossen sein, auf dumme Gedanken mit der Säge zu kommen. Ohne Abstriche sind von ihm drei Forderungen zu erfüllen:

- Er gewährleistet die Kontinuität des Arbeitsablaufs. Das bedeutet, während der Vertretungsdauer keine umfangreichen Änderungen vorzunehmen, die vom Stelleninhaber als Anmaßung empfunden werden können.
- Er handelt nach bestem Wissen und Gewissen im Sinne des Stelleninhabers. Dazu ge-

hört auch die Verpflichtung, dem Stelleninhaber nach dessen Rückkehr Rechenschaft abzulegen und ihn über Wichtiges während seiner Abwesenheit zu informieren.
- Er spielt sich während der Vertretungsperiode nicht über Gebühr in den Vordergrund, sondern übt in seiner Selbstdarstellung Zurückhaltung. So wird er den Stelleninhaber weder in ein schlechtes Licht stellen, noch sich selbst bei Dritten als Idealbesetzung anpreisen.

Durch die tägliche Zusammenarbeit mit seinem Vorgesetzten kennt der Stellvertreter dessen Vorgehensweisen und Überlegungen, sodass er kein völlig unbekanntes Terrain betreten muss. Dennoch sollten Sie Ihren Stellvertreter rechtzeitig einarbeiten und kontinuierlich mit wichtigen arbeitsplatzrelevanten Informationen versorgen und damit nicht erst fünf Minuten vor Abwesenheitsbeginn starten.

Der Stellvertreter sollte seine Benennung als Stellvertreter grundsätzlich positiv bewerten. Einerseits ist dies ein Vertrauensbeweis, andererseits kann er zeigen, dass er diese Herausforderung annehmen und gut bewältigen kann. Das erweist sich vielleicht als Pluspunkt für das künftige Erklimmen der nächsten Sprosse auf der Karriereleiter.

Bedauerlicherweise nutzt mancher Stellvertreter dennoch die Abwesenheit des Stelleninhabers, um an dessen Stuhl zu sägen. Vermutlich schätzt er seine Situation falsch ein, weil er nicht bedenkt, dass dieser Schuss für ihn nach hinten losgehen kann.

Reaktionsmöglichkeiten

Den frisch bestellten offiziellen Stellvertreter werden Sie spätestens vor dessen erstmaliger Übernahme der Vertretung auf die drei elementaren Forderungen hinweisen. Zugleich sprechen Sie ihm Ihr Vertrauen aus, dass er während Ihrer Abwesenheit loyal in Ihrem Sinne die Vertretung leistet.

Verhält sich Ihr Stellvertreter aber nicht loyal, setzen Sie sich zur Wehr und zeigen ihm, dass Sie sich nicht von Ihrer Stelle drängen lassen – selbst wenn Sie von der Sicherheit Ihrer Position überzeugt sind. Das erkannte Fehlverhalten sprechen Sie umgehend offen an (siehe auch → Neider). Klar und deutlich muss dem Stellvertreter bewusst gemacht werden, dass Ihnen nicht entgeht, wie er an Ihrem Stuhl sägt, möglicherweise schlecht über Sie redet oder sogar die Arbeit manipuliert. Es bleibt zu hoffen, dass sich hiernach der Stellvertreter künftig zügelt, da er sich ertappt fühlt und die Gefahr seiner Bloßstellung erkennt.

Als nächsten Schritt können Sie die Rücknahme der Vertretungsbefugnis erwägen, was regelmäßig einen Imageverlust für den Mitarbeiter bedeutet. Bei gravierenden Loyalitätsdefiziten steht es Ihnen frei, Ihren eigenen Vorgesetzten auf das wenig kooperative Fehlverhalten des Mitarbeiters aufmerksam zu machen.

SÜNDENBOCK/OMEGA-HUHN

Die Beziehungen innerhalb einer Arbeitsgruppe führen dazu, dass sich unter den Mitgliedern typische Verhaltensweisen herauskristallisieren. Die Gruppenmitglieder übernehmen soziale Rollen, wobei individuelle Eigenarten bei der Rollenbesetzung mitspielen. Bereits kurze Zeit nach der Gruppenzusammensetzung bildet sich in Gestalt einer Rangordnung eine recht klare Gruppenstruktur heraus, die mit dem Begriff Hackordnung sehr zutreffend beschrieben wird. Besonders interessant ist die Rolle des Sündenbocks, der häufig unbeliebt, leicht identifizierbar und machtlos ist, was ihn an das Ende der Hackordnung verbannt („Omega-Huhn").

Exkurs: Hackordnung

Vor etwa 100 Jahren beobachtete der norwegische Zoologe Thorleif Schjelderup-Ebbe, dass es bei den vielen kleinen Zänkereien, die sich tagsüber auf dem Hühnerhof abspielen, keineswegs chaotisch zugeht, indem sich alle Hühner gegenseitig hacken, sondern dass hier eine Gesetzmäßigkeit vorliegt. Er hatte alle Hühner individuell unterscheiden gelernt und notierte ihre Auseinandersetzungen in sogenannten Hacklisten. Zu seiner Verblüffung stellte er fest, dass bei 1900 Hackbeobachtungen in einer Hühnerschar eine ganz strenge Staffelung eingehalten wird. Ein Huhn ist dabei allen anderen Hühnern überlegen (= Alpha-Huhn), das alle übrigen Hühner ungestraft hacken darf und von keinem anderen Huhn gehackt wird. Das Huhn mit dem nächsthöheren Rang (= Beta-Huhn), wird nur vom Alpha-Huhn gehackt, darf aber –- abgesehen vom Alpha-Huhn – alle nachrangigen Artgenossen hacken. So geht die Rangfolge weiter bis zum Omega-Huhn, das von allen Hühnern gehackt werden darf, selbst aber sich in keinem Fall zur Wehr setzen darf.

Diese gesellschaftliche Staffelung ist inzwischen bei vielen sozial lebenden Tierarten als Hackordnung bekannt geworden und lässt sich gleichermaßen auf menschliche Gruppen übertragen.

Persönlichkeitseigenschaften, außergewöhnliche Verhaltensweisen, körperliche Besonderheiten oder ungewöhnliche/ausgefallene Interessen, die nicht zu denen der Gruppe passen, können zur Ablehnung eines Mitarbeiters führen. Der Sündenbock personifiziert sozusagen all das Unerfreuliche in einer Gruppe. So dient er der Gruppe als „Blitzableiter" für Frustrationen jeglicher Art, dem einzelnen Gruppenmitglied als Puffer, an dem es seine schlechte Laune ablassen kann. Dem Sündenbock werden Fehler, Misserfolge und sonstiges Konfliktpotenzial zugeschrieben, wobei es unerheblich ist, ob ihm tatsächlich ein Verschulden anzulasten ist. Misslingt etwas, fungiert der Sündenbock als die Person, die man an den Pranger stellen kann. Sein Verschulden wird – ungeprüft – einfach nur angenommen.

Die übrigen Gruppenmitglieder können so von eigenen Fehlern ablenken und sich mit ungerechtfertigten Schuldzuweisungen an den Sündenbock selbst aus der Schusslinie bringen. Indem der „Schuldige“ schnell gefunden ist, kann die Illusion entstehen, mit der Zuweisung der Verantwortung für ein negatives Ergebnis sei der Fall gelöst. Die ungleich schwerere Suche nach den wahren Fehlerursachen kann dann unterbleiben.

Reaktionsmöglichkeiten

In einem harmonischen Gruppenklima gehören Sündenböcke glücklicherweise zu einer seltenen Spezies. Ist diese Rolle jedoch einem Ihrer Mitarbeiter zugefallen, bemühen Sie sich nach Kräften, ihn in Ihre Arbeitsgruppe zu integrieren und Angriffe auf ihn zu eliminieren. Sie könnten folgende Maßnahmen nutzen:

- Sie finden die Ursachen eines möglichen Konflikts heraus, der den Sündenbock in seine missliche Lage gebracht hat und stellen diese möglichst ab.
- Gegenüber den übrigen Gruppenmitgliedern stellen Sie die Stärken des Sündenbocks heraus.
- Zudem verstärken Sie den Kontakt zum Sündenbock.
- Sie suchen das Gespräch mit den übrigen Gruppenmitgliedern, um die Situation zu erörtern.
- Auf einen eventuell vorhandenen – positiven – informellen Führer wirken Sie ein, damit dieser den Sündenbock stützt und schützt.
- Den Sündenbock betrauen Sie mit wichtigen und gut von ihm zu erledigenden Aufgaben für die Arbeitsgruppe, um seinen Nutzen für die Gruppe herauszustellen.

Gelingt es nicht, den Sündenbock zufriedenstellend zu integrieren, sollte dieser eine berufliche Veränderung ins Auge fassen, die Sie wohlwollend begleiten würden.

ÜBERQUALIFIZIERTER

Bei Personalverantwortlichen können schon im Vorstellungsgespräch die Alarmglocken schrillen, wenn sie vermuten, ein Bewerber sei für eine zu besetzende Stelle überqualifiziert. Ihre Bedenken sind nicht von der Hand zu weisen:

- Der Überqualifizierte könnte sich bald nicht mehr mit dem angebotenen Arbeitsentgelt begnügen und Forderungen stellen, die das Lohn- oder Gehaltsgefüge durcheinanderbringen würden.
- Der Überqualifizierte würde sich schon nach kurzer Zeit langweilen und die Situation ihn unzufrieden machen, weil ihn seine Tätigkeit unterfordert und Herausforderungen ausbleiben (→ Boreout-Infizierter).
- Der Überqualifizierte könnte für Unruhe bei den etablierten Mitarbeitern sorgen, die mit dem Fachwissen des Neulings nicht mithalten können.
- Der Überqualifizierte würde sich mental nicht an das Unternehmen gebunden fühlen und lediglich das „Verlobungsprinzip" (Festhalten und Weitersuchen) praktizieren.
- Der Überqualifizierte könnte die Position des direkten Vorgesetzten unterminieren und für diesen längerfristig als potenzieller Konkurrent gefährlich werden.

Überqualifizierte haben es bei der Jobsuche nicht leicht, weil auf Bewerbungen häufig Absagen folgen. Dennoch führen die dargestellten Befürchtungen nicht zu einer generellen Ablehnung von Überqualifizierten. Das Statistische Bundesamt ermittelte im Jahr 2014, dass 14 Prozent der Frauen und 10 Prozent der Männer für die Stellen, auf denen sie sitzen, überqualifiziert sind.

Reaktionsmöglichkeiten

Wenngleich manche Führungskräfte dem Überqualifizierten mit Vorbehalten begegnen und ihn als schwierig einordnen, sollten Sie sich von dieser Denkweise verabschieden. Ihnen sollte zunächst bewusst sein:

- Ich bin auf das Fachwissen meiner gut motivierten Mitarbeiter angewiesen. Diese sind ein ausschlaggebender Garant für das Fortbestehen des Unternehmens in einer schnelllebigen und marktorientierten Zeit.
- Brachliegende Qualifikationen überqualifizierter Mitarbeiter stellen sowohl individuell als auch volkswirtschaftlich eine Fehlinvestition dar.

- Das ungenutzte Know-how ist ungenutztes Humankapital, das für die Verbesserung von Produkten und Strukturen sowie zur Erhöhung der Wettbewerbsfähigkeit genutzt werden sollte.
- Das momentan nicht ausgenutzte Fach- und Führungspotenzial und die aktuelle Position können als ein geeignetes Sprungbrett für eine andere, eignungsgerechte Position im Unternehmen betrachtet werden.
- Bei forderndem und förderndem Einsatz überqualifizierter Mitarbeiter erweise ich mich als Nutznießer, denn als Vorgesetzter eines erfolgreich arbeitenden Mitarbeiters strahlt der Mitarbeitererfolg auch auf mich ab.

Auf der Basis dieser Erkenntnisse betrachten Sie die Führung eines überqualifizierten Mitarbeiters als besondere Chance und Herausforderung.

Zu Beginn der Zusammenarbeit sollte Klarheit über die beiderseitigen Erwartungen und Ziele bestehen. Sind die beruflichen Zukunftsaussichten des Überqualifizierten bekannt, kann eine Realisierung mit entsprechenden Maßnahmen ins Auge gefasst werden. Damit erhöht sich die Chance, dass sich der Mitarbeiter mit seinen neuen Aufgaben identifiziert und die gewünschte Motivation zeigt.

Trotz seines Einsatzes in der niedrigeren Liga nutzen Sie das Know-how des Überqualifizierten, indem Sie beispielsweise:

- anspruchsvolle Aufgaben auf Dauer an ihn delegieren
- ihn zu Ihrem offiziellen Stellvertreter bestellen (dennoch darauf achten, dass er sich nicht als → Stuhlsäger erweist)
- interessante Projekte an ihn übertragen
- ihm nach Absprache mit der Personalabteilung für einen überschaubaren Zeitraum Entwicklungsperspektiven im Unternehmen aufzeigen

Statt vager und verschwommener Absichtserklärungen sollten idealerweise konkrete Schritte vereinbart werden. Ein schriftlicher Entwicklungsplan, von dem der Mitarbeiter eine Ausfertigung erhält, unterstreicht die Verbindlichkeit des Vorhabens.

Ihre Fürsprache für den Aufstieg des Mitarbeiters auf der Karriereleiter machen Sie von der loyalen Mitarbeit des Überqualifizierten abhängig – und weisen ihn eventuell auf diese eigentlich selbstverständliche Verhaltensweise hin.

Das von Ihnen unterstützte Vorgehen kann schließlich dazu führen, dass der Mitarbeiter seine jetzige Stelle für eine bessere Position im Unternehmen verlässt. Diesen Verlust werden Sie aber verschmerzen, weil der Mitarbeiter in Erwartung eines beruflichen Aufstiegs in Ihrem Bereich bis dato gute Arbeit geleistet hat. Auch können Sie sich auf die Fahne schreiben, dem Unternehmen einen qualifizierten Mitarbeiter erhalten zu haben.

Die Wünsche und Vorstellungen des überqualifizierten Mitarbeiters werden Sie in Ihre Überlegungen einbeziehen. Kein Mitarbeiter kann dauerhaft über seinen Kopf hinweg zur Karriere gezwungen werden. Liegen die Prioritäten des Mitarbeiters außerhalb der beruflichen Ebene, begnügen Sie sich damit, von ihm eine nahezu fehlerfreie Leistung auf dem gegenwärtigen Arbeitsplatz abzurufen.

ÜBERTREIBER/AUFBAUSCHER

Wollen Sie sich bei einer Entscheidung auf Informationen eines Mitarbeiters stützen, sind Sie auf möglichst nachprüfbare Fakten angewiesen. Ihr Entscheidungsrisiko steigt regelmäßig, wenn Sie die Informationen eines Mitarbeiters einbeziehen, der Sachverhalte übertrieben schlechter oder besser darstellt, als sie sich bei einer realistischen Betrachtung erweisen. Indem der Mitarbeiter versucht, einer Sache durch Übertreibungen eine größere Aufmerksamkeit zu verleihen, will er stärker Gehör und Glauben finden. Diese Manipulationsmethode ist nicht mit einer Lüge zu vergleichen, bei der bewusst und absichtlich die Unwahrheit gesagt oder eine Information völlig verfälscht wird.

Reaktionsmöglichkeiten

Dramatisiert der Mitarbeiter seine Informationen durch unzulässige Übertreibungen und pflegt er immer wieder aus einer Mücke einen Elefanten zu machen, werden Sie in einem klärenden Gespräch eine realistische Informationswiedergabe anmahnen. Er soll nicht mit Kanonen auf Spatzen schießen, sondern stets belastbare Informationen liefern. Denn Ihre Zeit und Ihre Nerven lassen es nicht zu, alle Informationen des Mitarbeiters auf ihren Wahrheitsgehalt zu prüfen. Schließlich müssen und wollen Sie sich vertrauensvoll auf die Aussagen Ihrer Mitarbeiter verlassen.

Häufig werden bei Übertreibungen unbestimmte Formulierungen verwendet:

- „Die Firma liefert regelmäßig Ausschuss."
- „Es grenzt schon an ein Wunder, wenn er einmal pünktlich erscheint."
- „Wann hat dieser Mann sich schon einmal an Vorschriften gehalten?!"

Der Übertreiber ist nicht erfreut, wenn Sie sogleich nachhaken und mit Ihren Fragen einen Fakten-Check starten:

- „Diese Information ist mir zu schwammig. Wie häufig und in welchem Umfang enthielten die Lieferungen fehlerhafte Produkte?"
- „Nun lassen Sie einmal die Kirche im Dorf. Wissen Sie genau, wie oft Herr X im Monat zu spät erscheint?"
- „Ich glaube, jetzt schießen Sie über das Ziel hinaus. Würde Herr Y alle Vorschriften missachten, hätte ich das bemerkt. An welche konkreten Situationen denken Sie jetzt?"

Starten Sie regelmäßig mit einem Fakten-Check, sollte bald eine Besserung eintreten. Bleibt diese aus, hilft bei einem weiterhin unbelehrbaren Übertreiber möglicherweise Ironie. Sie bestätigen den übertreibenden Hinweis und führen ihn mit einer weiteren maßlosen Übertreibung ad absurdum:

- „Ja, Sie haben Recht. Was halten Sie davon, wenn wir mit diesem regelmäßig gelieferten Ausschuss einen Schrotthandel betreiben würden?"
- „Wunder kann jedes Unternehmen brauchen. Vielleicht können wir auf diese nicht alltäglichen Ereignisse mit einer besonderen Würdigung am Schwarzen Brett aufmerksam machen?"
- „Stimmt, der macht wirklich, was er will. Ob wir ihn wegen seiner Kreativität und der nicht alltäglichen Selbstständigkeit zum Mitarbeiter des Monats küren sollten?"

In den drei Beispielen folgt jeweils die Aufforderung: „Spaß beiseite. Wir sind uns doch einig, statt undifferenzierte Übertreibungen Fakten ins Auge zu fassen. Ich erwarte von Ihnen, diesen Grundsatz stets im Gedächtnis zu behalten. Sind wir uns darin einig?"

UNEINSICHTIGER/STURKOPF/ DICKSCHÄDEL/UNBELEHRBARER

Der Uneinsichtige lässt sich nicht von seiner Meinung abbringen. Er ist absolut resistent gegen andere Auffassungen. Mit dieser für seine Umwelt unangenehmen und sehr anstrengenden Eigenschaft erzeugt er Aversionen bis zu der Vermutung, er habe Bretter vor dem Kopf, die ihm die Welt bedeuten. Je stärker er auf Widerworte trifft, umso energischer versucht er sich durchzusetzen. Er will unbedingt mit dem Kopf durch die Wand und übersieht dabei, dass er sich neben Kopfschmerzen und Beulen einen negativen Ruf einhandelt, der sein berufliches Fortkommen erschwert oder sogar unmöglich macht.

Auslöser für dieses frustrierende Verhalten kann ein gesteigertes Geltungsbedürfnis sein. Ein Nachgeben wird als unverzeihliche Schwäche interpretiert. Denkbar ist auch, dass der Uneinsichtige in der aktuellen Situation unsicher ist und sich deshalb auf keine Diskussion einlassen will, bei der seine Defizite erkennbar würden.

Möglicherweise will sich der Uneinsichtige nicht eingestehen, einen Fehler gemacht zu haben und sich auf dem Holzweg zu befinden. Dabei ist es nicht ungewöhnlich, wenn sich eine Handlung/Entscheidung in der rückblickenden Bewertung als falsch oder fehlerhaft erweisen kann. Zwar ist im ersten Moment jeder Fehler ärgerlich, dennoch geht das Leben weiter. Aus dem erkannten Dilemma kann gelernt werden, sodass künftig diese oder ähnliche Fehler vermeidbar sind. Auch treten nicht immer ernsthafte und unwiderrufliche Konsequenzen ein, weil sich manche Handlung/Entscheidung nachträglich noch revidieren oder abmildern lässt.

Erkennen Sie einen Fehler, müssen Sie als Troubleshooter zur Schadensbegrenzung oder -beseitigung nachbessern, erneut entscheiden und handeln, denn nur in Ausnahmefällen kann die Devise „Augen zu und durch" empfehlenswert sein.

Der Uneinsichtige praktiziert eine andere Vorgehensweise: Statt sich in die veränderte Situation zu fügen, redet er sich sein bisheriges Vorgehen schön, um bloß nicht als Depp dazustehen. Mit einer kaum mehr zu überbietenden Sturheit beharrt er auf der Richtigkeit des Geschehenen und greift zu jedem Rettungsanker, selbst wenn dieser sehr weit hervorgeholt, nicht plausibel, grenzwertig, wenig passend oder unlogisch ist. Ihm ist die Begründung bzw. Verdeutlichung sehr wichtig, wieso das Geschehene nicht anders ablaufen konnte. So ist er nie um eine Ausrede verlegen, selbst wenn diese mit dem gegenwärtigen Sachverhalt nur wenig oder nichts zu tun hat. Sieht er dennoch für sich keine Erfolgsaussichten, hat man ihn falsch verstanden, lagen fehlerhafte oder unvollständige Informationen vor, wurde von anderen ein falscher Ton angeschlagen usw. Sein alles andere überlagernde Ziel ist es, irgendwie Recht zu behalten und sein Gesicht zu wahren.

Mancher Uneinsichtige wiederholt seine Ansichten nach dem Motto: „Steter Tropfen höhlt den Stein." Mit dem unbeirrten Festhalten an eigenen Aussagen sollen Andersdenkende zum Nachgeben veranlasst werden. Es ist erwiesen, dass eine Behauptung in zunehmendem Maße an Überzeugungskraft gewinnt, je konsequenter und glaubhafter sie wiederholt wird. In seinen Memoiren vermerkte Otto von Bismarck:

EINE ZWEIFELHAFTE BEHAUPTUNG MUSS RECHT HÄUFIG WIEDERHOLT WERDEN, DANN SCHWÄCHT SICH DER ZWEIFEL IMMER ETWAS AB UND FINDET LEUTE, DIE SELBST NICHT DENKEN, ABER ANNEHMEN, MIT SO VIEL SICHERHEIT UND BEHARRLICHKEIT KÖNNE UNWAHRES NICHT BEHAUPTET WERDEN.

Reaktionsmöglichkeiten

Im Umgang mit einem auf stur schaltenden Mitarbeiter bleiben Sie objektiv und bewerten seine Argumente zunächst neutral. Vielleicht erkennen Sie auf diese Weise, dass er ein Problem aus einem bisher nicht berücksichtigten Blickwinkel beleuchtet. Keinesfalls werden Sie mit einer erhöhten Lautstärke auf ihn einwirken, was er vermutlich als Angriff werten würde. Erneut schaltet er auf stur, sodass sich die Fronten weiter verhärten. Da Sie das Verhalten des Uneinsichtigen nicht persönlich nehmen (vgl. Seite 26), bleiben Sie als zivilisierter Mitteleuropäer souverän und freundlich, womit Sie sich eher Einwirkungsmöglichkeiten eröffnen. Selbstkritisch beantworten Sie die Frage, ob es in der jeweiligen Situation wirklich unumgänglich ist, auf den Mitarbeiter regulierend einzuwirken (vgl. Seite 11).

Halten Sie sich an die zuvor beschriebenen Empfehlungen, sollte es Ihnen mit viel Geduld und starken Nerven gelingen, besser mit der Situation umzugehen und den bisher Unbelehrbaren peu à peu von seinem Stress erzeugenden Verhalten abzubringen. Wollen Sie sich aber unbedingt und immer durchsetzen, können Sie dem rechthaberischen Mitarbeiter als Gleichgesinntem die Hand reichen – oder wetteifern, wer besser mit dem Kopf durch die Wand kann. Wünschenswert wäre, die Beteiligten würden im Laufe der Zeit Werner von Siemens zustimmen, der befand:

ES KOMMT NICHT DARAUF AN, MIT DEM KOPF DURCH DIE WAND ZU GEHEN, SONDERN MIT DEN AUGEN DIE TÜR ZU FINDEN.

Auch sollte sich die Erkenntnis bestätigen, dass sich zum Schluss immer die Wand durchsetzt.

Im betrieblichen Alltag ist der Umgang mit eigenen Fehlern bedeutungsvoll. Wurde der Uneinsichtige mit dem Verständnis erzogen, dass Fehler immer nur schlecht und als Zeichen von Schwäche, Ignoranz, Unwissenheit oder gar mangelnder Intelligenz zu bewerten sind, erscheint ihm das Zugeben eines Fehlers als Niederlage. Um die Selbstachtung nicht zu beschädigen, werden Fehler abgestritten oder überspielt in der Hoffnung, sich unbeschadet aus der Affäre ziehen zu können. Dieser falsche Stolz vermindert die Kompromissbereitschaft, sodass selbst wohlmeinende und hilfreiche Ratschläge auf Ablehnung stoßen. So betreibt der Uneinsichtige schließlich als Störfaktor seine Isolation.

Der Erfolgsbuchautor Dale Carnegie empfiehlt ein entgegengesetztes Vorgehen:

BIST DU IM UNRECHT, GIB ES SCHNELL ZU

Die Angst, dass eigene Fehler erkennbar werden und negative Konsequenzen nach sich ziehen können, erschwert das Zugeben. Dabei ist unbestritten, dass kein Mensch auf Dauer fehlerfrei arbeiten kann. Dennoch braucht es schon Charakter, sich selbst und anderen gegenüber einen Fehler einzugestehen. Hier können Sie unterstützend wirken, indem Sie in Ihrem Zuständigkeitsbereich eine konstruktive Fehlerkultur praktizieren. Diese Fehlerkultur verharmlost Fehler nicht, sondern akzeptiert sie in einem vertretbaren Maß. Vor allem soll aber ein Umfeld geschaffen werden, das die Angst vor dem Fehlermachen und damit verbundenen Konsequenzen abbaut und die Möglichkeit eröffnet, aus Fehlern zu lernen. Dafür soll sich der Mitarbeiter intensiv mit der Frage beschäftigen: „Was kann ich beim nächsten Mal besser machen?" Statt sich mit der unproduktiven Suche nach Schuldigen aufzuhalten, tritt so die Ursachenermittlung und Fehlerkorrektur in den Vordergrund. Das erleichtert es dem Mitarbeiter, seine bisherige starre Position aufzugeben und sich freiwillig zu Fehlern zu bekennen. Hiernach kann offen in einem angstfreien Dialog über den Fehler diskutiert werden. So gelingt es den Beteiligten eher, eingefahrene Prozesse zu hinterfragen, Fehlern vorzubeugen, Fehlerquellen zu beseitigen, Arbeitsabläufe zu verbessern und neue Ziele zu vereinbaren.

Trägt ein Mitarbeiter eigene Ansichten und Forderungen ungerührt und unbeeindruckt von Gegenargumenten bis zum Überdruss vor, lenken Sie eine Diskussion in die von Ihnen gewünschte Richtung:

Beispiel:
„Mit dem gebetsmühlenartigen Wiederholen Ihrer Meinung können Sie mich nicht beeindrucken. Es kommt dabei nichts Neues heraus und wir beginnen uns im Kreis zu drehen. Was zählt, sind Zahlen, Daten und Fakten. Lassen Sie uns auf dieser Basis miteinander reden …"

UNSCHULDSLAMM/SCHULDABWÄLZER

Lief etwas nicht wunschgemäß und kam es zu Fehlern, ist das die Stunde des Unschuldslamms. Selbst bei sehr zurückhaltender Kritik tut der Schuldabwälzer so, als wäre diese Kritik völlig ungerechtfertigt und würde einen Angriff auf seine Person darstellen. Er vertuscht eigene Fehler oder nutzt seine rhetorischen Stärken, um mit spitzfindigen Erklärungen seine Unschuld zu erklären und ungeschoren davonzukommen. Dabei beißt sich der Schuldabwälzer lieber die Zunge ab, als einen Fehler auf seine Kappe zu nehmen. Vor allem eine „Ja, aber…“-Formulierung lässt nichts Gutes erwarten, denn sie leitet regelmäßig eine verklausulierte Ausrede ein: „An mir liegt es nicht, ich kann nichts dafür …“ Hier werden Fehler bei anderen Personen oder besonderen Umständen gesucht – nicht aber bei sich selbst. Selbst wenn dieser Mitarbeiter einen offensichtlichen Fehler zugeben müsste, weist er eine Schuld sogleich zurück: „Nun, das ist nicht gut gelaufen, aber das lag nicht an mir …“

Auch hat der Schuldabwälzer als „Kollegenschwein“ kaum Skrupel, selbst verursachte Fehler Kollegen oder Mitarbeitern in die Schuhe zu schieben.

Indem der Schuldabwälzer prinzipiell jegliches Fehlverhalten zurückweist, sieht er keine Notwendigkeit, sein eigenes Verhalten selbstkritisch zu hinterfragen. Neben seiner unterentwickelten Fähigkeit zur Selbstkritik lässt er beim Anschwärzen anderer Personen seine Missachtung für Kollegen bzw. Mitarbeiter erkennen. Auch dokumentiert sein unkollegiales Verhalten ein Defizit an Ehrlichkeit sowie an der Bereitschaft zu kollegialer Zusammenarbeit.

Natürlich ist es ärgerlich, wenn man sich selbst bei einem Fehler ertappt. Noch ärgerlicher ist es, von anderen mit diesem Fehler konfrontiert zu werden. Das ist nachvollziehbar, denn jeder möchte fehlerfrei arbeiten, um Erfolg bei der eigenen Arbeit zu sehen, die Wertschätzung der Kollegen zu gewinnen und in Übereinstimmung mit dem eigenen Gewissen zu leben. Dennoch müssen wir mit selbst verursachten Fehlern rechnen und zu ihnen stehen.

Statt mit Entschuldigungs-, Erklärungs- oder Entlastungsversuchen die Situation entschärfen zu wollen, ist zu akzeptieren, dass Fehler immer auftreten können. Wenngleich Fehler kaum vorsätzlich begangen werden, unterlaufen sie einem Mitarbeiter, weil er sie nicht erkennt beziehungsweise es nicht besser weiß. Aus der Lebenserfahrung wissen wir:

**Nur Faule und Dummköpfe machen keine Fehler.
Der Faule tut nichts, der Dumme erkennt seine Fehler nicht
oder sieht sie nicht ein.**

Der Schuldabwälzer sollte seine Energie sparen, die Verantwortung für selbst begangene Fehler von sich zu weisen. Stattdessen sollte er den Fehler akzeptieren und ihn als Ausgangspunkt für ein Aha-Erlebnis einordnen. Hierzu müsste er sich mit drei Fragen beschäftigen:

- Was war der Auslöser für diesen Fehler?
- Wie kann ich den Fehler künftig vermeiden?
- Was kann ich jetzt aus diesem speziellen Fehler lernen?

Diese Mühe wird sich lohnen, denn die Antworten werden künftige Verbesserungen und Erfolge auslösen.

Reaktionsmöglichkeiten

Sie werden den Schuldabwälzer erst dann auf sein nicht tolerierbares Verhalten ansprechen, wenn Ihnen unangreifbare Zahlen, Daten und Fakten zur Verfügung stehen.

> *Beispiel:*
> „Herr X, Sie weisen die Verantwortung für ... zurück und versuchen den Eindruck zu vermitteln, eine weiße Weste zu haben. Ich habe mich mit diesem Vorgang intensiv beschäftigt und komme nach Berücksichtigung aller Umstände zu dem eindeutigen Ergebnis, dass ein Fehler von Ihnen vorliegt, und zwar... Dass Sie einen Fehler gemacht haben, kann niemand mehr ändern. Für mich ist aber entscheidend, dass Sie eigene Fehler eingestehen, hierfür die Verantwortung übernehmen und sich bemühen, aus diesem Fehler zu lernen und ihn künftig vermeiden.
>
> Nachdem Sie die Urheberschaft für den Fehler mit unzutreffenden Begründungen abgelehnt und dafür Kollegen ungerechterweise verantwortlich gemacht haben, muss ich Sie auf zwei Punkte hinweisen:
>
> Ich will künftig von Ihnen keine unkollegialen Aktivitäten mehr beobachten, mit denen Sie andere Personen für Ihre Fehler verantwortlich machen. Dieses unkollegiale Verhalten werde ich nicht dulden. Darüber hinaus erwarte ich von Ihnen den ernsthaften und selbstkritischen Umgang mit Fehlern und die Bereitschaft, aus den Fehlern positive Folgerungen zu ziehen.
>
> Ich bin sicher, Sie haben ab sofort die Courage und das Rückgrat, für Ihre Fehler einzustehen und Ihre Lehren daraus zu ziehen. Letztlich wären Sie Nutznießer des angemahnten Vorgehens: Ihre Fehlerquote würde sinken und Ihr Image im Kollegenkreis steigen."

Erkennt der Mitarbeiter später, dass nach dem Zugeben eines Fehlers nicht automatisch negative Konsequenzen eintreten, wird das Schuldabwälzen hoffentlich der Vergangenheit angehören.

Mancher Mitarbeiter versucht sein Verschulden zu minimieren, indem er sich mit Kollegen vergleicht, die seiner Meinung nach viel größere Defizite aufweisen oder besonders gravierende Fehler zu vertreten haben. Auf derartige Diskussion lassen Sie sich gar nicht erst ein, sondern verdeutlichen, dass es im Moment ausschließlich um ihn und seine Leistungsergebnisse geht.

Siehe auch → Uneinsichtiger/Sturkopf/Dickschädel/Unbelehrbarer

UNZUVERLÄSSIGER

Bei Ihren Mitarbeitern schätzen Sie besonders deren Zuverlässigkeit. Dieses Merkmal steht bei Ihnen hoch im Kurs, weil es das Gefühl der Sicherheit vermittelt, Vertrauen schafft und Stress reduziert. Auf zuverlässige Mitarbeiter können Sie in jeder Situation zählen, denn sie stehen zu ihrem Wort, halten Termine ein und sind auch hilfreich zur Stelle, wenn Sie allein nicht mehr weiterkommen.

Doch leider gilt das nicht für alle Mitarbeiter. Sie werden mit Zusagen wie „Na klar, ich kümmere mich darum" oder „Ich komme wieder auf Sie zu" abgespeist, das Versprochene wird oft nicht erledigt oder Sie müssen bis in alle Ewigkeit auf die Erledigung warten. Häufig geht der Unzuverlässige unkonzentriert zu Werke, sodass die flüchtige Aufgabenerledigung nicht zu übersehen ist. Auch vergisst er gelegentlich einen wichtigen Termin und bringt Sie damit in die Bredouille. Zwar ist er fachlich versiert – nur man kann nicht immer zur rechten Zeit auf ihn zählen. So wird er für Sie zu einem Unsicherheitsfaktor, bei dem Sie mit allem rechnen müssen. Auf diesen Mitarbeiter trifft die Redewendung zu: „Wer sich auf andere verlässt, der ist verlassen."

Reaktionsmöglichkeiten

Bei der nächsten Gelegenheit, bei der Ihr Mitarbeiter wieder seine übliche Schwäche zeigt, nehmen Sie ihn zur Seite und führen mit ihm ein Kritikgespräch. Aus reiner Nächstenliebe oder Mangel an Courage nicht auf diese ungewünschten Verhaltensweisen und Fehler einzuwirken, wäre ein gravierender Führungsfehler.

Die Phasen eines Kritikgesprächs

1. **Gespräch positiv beginnen**
   Überlegen Sie vorher, mit welchen Aussagen Sie eine positive Gesprächsatmosphäre erzeugen wollen. Würde sich der Mitarbeiter sogleich angegriffen fühlen, würde er für ein entkrampftes und sachliches Gespräch nicht zur Verfügung stehen.
2. **Sachverhalt zweifelsfrei bezeichnen**
   Sie schildern wertfrei - das heißt ohne Schuldzuweisung - den Sachverhalt aus Ihrem Blickwinkel, sodass der Mitarbeiter nun genau weiß, auf welchen Punkt das Gespräch begrenzt ist.

3. **Mitarbeiter um Stellungnahme bitten**
   Sie gestehen dem Mitarbeiter nicht nur das Recht auf Äußerung zu, sondern hören unvoreingenommen, wie er die Situation betrachtet.
4. **Diskussion über Ursachen und Folgen des kritisierten Verhaltens**
   Jetzt kommt es darauf an, gemeinsam Ursachen und Folgen zu erörtern. Wissen wir, weshalb etwas falsch gelaufen ist, werden wir eher Möglichkeiten finden, für die Zukunft eine Besserung zu erzielen.
5. **Künftiges Verhalten gemeinsam vereinbaren**
   Dieser Blick in die Zukunft ist bedeutsamer als über längst vergossene Milch zu jammern. Die vereinbarten Verbesserungsvorschläge sind in einer ruhigen, klaren und nicht verletzenden Weise unmissverständlich zu bezeichnen.
   So sollten Sie sich auf vier Verhaltensregeln für den Mitarbeiter einigen:
   - Keine Zusagen ohne vorherige Prüfung, ob die Aufgabenerledigung im Rahmen der vorgesehenen Zeit auch machbar ist.
   - Keine Notlügen, Ausreden oder Beschönigungen, wenn das Zugesagte nicht eingehalten werden kann.
   - Bei Verzögerungen oder Unmöglichkeit der Aufgabenerledigung frühzeitige Information, damit noch rechtzeitig andere Wege beschritten werden können.
   - Nicht gleichzeitig auf mehreren Hochzeiten tanzen, sondern begonnene Arbeiten möglichst zu Ende bringen, also kein Multitasking praktizieren.
6. **Gespräch positiv abschließen**
   Der Mitarbeiter sollte jetzt mit erhobenem Haupt und frischen Mut an seine Arbeit gehen.

Ihre folgenden Kontrollen sollen auf den Mitarbeiter erzieherisch wirken, anspornen und seine Entwicklung positiv beeinflussen. Mit Stichproben prüfen Sie insbesondere die strategischen Kontrollpunkte (vgl. Seite 123).

Lässt sich trotz Ihrer Bemühungen keine nachhaltige Verhaltensänderung feststellen, ist es möglicherweise Zeit, über eine Beendigung des Arbeitsverhältnisses nachzudenken. Auf jeden Fall werden Sie Konsequenzen nicht nur androhen, sondern auch in die Tat umsetzen. Ansonsten würden Sie die Erkenntnis bestätigen: Dort, wo nichts passiert, wenn nichts passiert, passiert nichts!

WEISUNGSMISSACHTER

Dass manche Anweisungen unzulänglich befolgt werden, lassen Vorgesetzte durch Kommentare erkennen wie:

- „Man kann sich den Mund fusselig reden. Entweder werden meine Anweisungen falsch oder überhaupt nicht befolgt."
- „Manchmal bin ich dicht dran, die Arbeit lieber selber zu machen, bevor ich Zeit raubende Anweisungen gebe, die dann doch fehlerhaft ausgeführt werden."

Diese Klagen werden von einer Studie aus dem Jahr 2016 von TNS Infratest bestätigt, wonach 31 Prozent der Arbeitnehmer Anweisungen ihres Vorgesetzten ignorieren, anders auslegen oder ohne Absprache mit dem Vorgesetzten anders handeln. Früher war es ein ungeschriebenes Gesetz, den Weisungen des Vorgesetzten ohne Abstriche zu folgen. Mitarbeiter gehorchten, weil der Vorgesetzte über seine Amtsautorität Sanktionen ergreifen und so massiv auf Mitarbeiter einwirken konnte. Obwohl es gerade in kleineren, oft auch familiengeführten Unternehmen nach wie vor üblich ist, wird ein solches Verhalten heute zunehmend abgelehnt. Der Mitarbeiter gehorcht nicht mehr automatisch, sondern will überzeugt sein von dem, was er zu erledigen hat. Missachtet ein Vorgesetzter diesen Wunsch, löst er mit seinem mittlerweile fehlerhaften Führungsverhalten den „Ungehorsam" des Mitarbeiters aus. Dale Carnegie bringt es treffend auf den Punkt:

EIN MANN, DER ÜBERZEUGT WIRD GEGEN SEINEN WILLEN,
BLEIBT SEINER MEINUNG TREU IM STILLEN.

Führungskräfte nehmen für ihren Zuständigkeitsbereich stellvertretend für den Arbeitgeber das Weisungsrecht (auch Direktions- oder Leitungsrecht) wahr. Hieraus ergibt sich die Berechtigung,

• die jeweils konkret zu leistende Arbeit (Recht, bestimmte Arbeiten zuzuweisen oder zu entziehen),	Was?
• den Zeitpunkt und die Reihenfolge der Erledigung,	Wann?
• die Art und Weise der Erledigung sowie	Wie?
• die arbeitsbegleitende Ordnung festzulegen und	Unter welchen äußeren Umständen?

- zur Durchführung der Anordnungen Sanktionen zu ergreifen.

Was kann bei Zuwiderhandlungen geschehen?

Das Weisungsrecht findet seine Grenzen im Rahmen geltender Gesetze, Betriebsvereinbarungen, Tarif- oder Arbeitsverträge sowie im Mitbestimmungsrecht des Betriebsrats. Enthält ein Arbeitsvertrag spezielle Regelungen, gehen diese dem Weisungsrecht vor.

Werden mit einer Weisung vom Arbeitnehmer widerrechtliche, unmögliche oder unsittliche Aktivitäten verlangt oder der Verstoß gegen Arbeitsschutzbestimmungen initiiert, ist die Unzulässigkeit offensichtlich. Auch Eingriffe in die Privatsphäre von Mitarbeitern werden vom Weisungsrecht nicht gedeckt. So dürfen Sie beispielsweise weder das Freizeitverhalten von Mitarbeitern bestimmen noch intime Beziehungen zwischen Arbeitskollegen untersagen.

Wie Sie das Weisungsrecht nach billigem Ermessen ausfüllen, entscheiden Sie situations- und personenabhängig.

Wer ein Weisungsrecht hat, ist auch verpflichtet, die Befolgung seiner Weisungen zu kontrollieren, denn das Befolgen von Anweisungen gehört zu den Erfordernissen der Betriebsdisziplin. Eine falsche Nachgiebigkeit würde von manchen Mitarbeitern über die Schmerzgrenze hinweg ausgenutzt. Wird eine Anordnung nicht oder nur unzureichend ausgeführt und folgt keine Kontrolle mit Kommentierung durch den Vorgesetzten, werden Anweisungen künftig nicht mehr ernst genommen. Sie wissen: „Was geduldet wird, wird bald zur Norm.“ Hinter vorgehaltener Hand würden Sie als Weichei, Softie oder Warmduscher charakterisiert.

Reaktionsmöglichkeiten

Sie haben mehrere Möglichkeiten, um die Akzeptanz Ihrer Anweisungen zu erhöhen:

Fehlerfreie Anweisungen erteilen

Manche Vorgesetzte suchen bei abweichendem Verhalten der Mitarbeiter die Schuld bei diesen, nicht aber bei den vermutlich unklaren und unvollständigen, häufig auch noch fehlerhaften Anweisungen.

Würden Vorgesetzte bei Ihren Anweisungen die sieben Ws beachten, könnten die Klagelieder vieler Vorgesetzter der Vergangenheit angehören:

- **Was?**
  Welche Aufgaben/Teilaufgaben sollen erledigt werden?

- **Wer?**
  Wer soll tätig werden?

- **Wann?**
  Bis wann soll die Arbeit begonnen, bis wann erledigt werden? Sind Zwischentermine zu beachten?

- **Wie?**
  Je nach Reifegrad des Mitarbeiters werden hier ausführliche oder eher überblicksartige Hinweise zur Arbeitsausführung gegeben.

- **Warum?**
  Indem der Mitarbeiter über Hintergründe und Zusammenhänge informiert wird, sollen Interesse und Engagement geweckt werden.

- **Womit?**
  Welche Hilfsmittel, Unterlagen, Werkzeuge etc. sind vonnöten?

- **Wo?**
  Ort der Arbeitsausführung? Bereitstellung von Beförderungsmitteln?

Feedback einfordern

Selbst bei fehlerfreien Anweisungen ist die Gefahr des Missverstehens oder Nichtverstehens einzukalkulieren. Jeder Mensch interpretiert aufgenommene Informationen, ergänzt und strukturiert sie. Das Gedächtnis versucht, alte und neue Informationen so miteinander zu verknüpfen, dass sie möglichst plausibel erscheinen. Details, die nicht ins Bild passen, werden sehr leicht weggelassen. Umgekehrt baut das Gedächtnis aus Vorhandenem logische Verbindungen und Verknüpfungen auf und ergänzt Leerstellen durch den Rückgriff auf Alltags- oder Erfahrungswissen. Um Abweichungen zwischen dem Gemeinten und dem Verstandenen zu reduzieren, ist das Feedback des Mitarbeiters nach Erteilung einer Weisung unverzichtbar:

- „Um mögliche Differenzen auszuräumen, sollten Sie jetzt bitte die wichtigsten Punkte zusammenfassen."
- „Um Missverständnisse zu vermeiden, stellen Sie bitte kurz dar, wie Sie das Projekt starten werden."
- „Ich hoffe, wir haben alles auf den Punkt gebracht. Wenn Sie jetzt so nett sind, die wesentlichen Aspekte noch einmal zu wiederholen?"

Mitarbeiter einbeziehen

Indem Weisungen auch Hintergrundinformationen zugefügt werden und dem Mitarbeiter die Möglichkeit gegeben wird, sich selbst mit Fragen und Vorschlägen einzubringen, kann sich der Mitarbeiter eher von der Sinnhaftigkeit der beabsichtigten Tätigkeit überzeugen. Damit ist kein gedankenloses Abspeisen mit Standardsprüchen gemeint, sondern das Eingehen auf die spezielle Interessenlage des Mitarbeiters.

Würden Beteiligungsmöglichkeiten für den Mitarbeiter fehlen, würde er sich lediglich als ausführendes Organ verstehen, das auf Befehl und Gehorsam reagiert. Mit minimaler Motivation käme er nur dem Notwendigen nach und würde jeden zusätzlichen Handschlag vermeiden.

Änderungen von Anweisungen selbst vornehmen

Werden nach der Abstimmung zwischen Führungskraft und Mitarbeiter bisher nicht gesehene Probleme erkennbar, darf der Mitarbeiter (außer bei akuten Gefahrenlagen) nicht von sich aus das Bisherige umstoßen. Hier werden eine Rücksprache und eventuell eine neue Weisung des Vorgesetzten erforderlich. Dieser wird erst dann eine veränderte Entscheidung treffen, wenn er gedanklich eine bereichsinterne Abstimmung zur Vermeidung von Zielkonflikten vorgenommen hat. Vermutlich wäre der Mitarbeiter hierzu wegen fehlender Informationen nicht in der Lage.

Gefährdet ein Mitarbeiter durch sein Verhalten massiv das Erreichen betrieblicher Ziele, setzen Sie sich unter Androhung arbeitsrechtlicher Schritte durch. Die Durchsetzung sollte auf die Sachzusammenhänge und nicht primär gegen die Person gerichtet sein. Sie werden dem Mitarbeiter zunächst in einem Gespräch unter vier Augen eindringlich verdeutlichen, dass er weisungsgebunden ist und Sie nicht bereit sind, sein Verhalten hinzunehmen. Nötigenfalls würden Sie auch arbeitsrechtliche Schritte vorsehen. Halten Sie den Gesprächsinhalt vorsorglich schriftlich fest, um dokumentieren zu können, was Sie wann mit welchen Schwerpunkten dem Mitarbeiter dargestellt haben.

Tritt danach keine Besserung ein, ist eine förmliche Abmahnung als Voraussetzung für eine verhaltensbedingte Kündigung unabdingbar. Würden Sie den Mitarbeiter nicht mit einer Abmahnung zur Ordnung rufen, könnte sein Fehlverhalten Schule machen und er selbst zu einem negativen Vorbild für seine Kollegen werden. Behält der Mitarbeiter trotz der Abmahnung sein Verhalten bei, folgt schließlich die Kündigung.

WORKAHOLIC/ARBEITSTIER

Sogenannte Workaholics zeichnen sich durch einen überdurchschnittlichen und durch verschiedenartige Auslöser bewirkten Arbeitseinsatz aus, der mehr und mehr zu einem krankhaften Suchtverhalten führt, wobei die Arbeit zur Droge wird. Dabei werden gesundheitliche und soziale Nachteile in Kauf genommen und im Extremfall wird bis zum Umfallen gearbeitet.

Symptomatisch sind folgende Begleiterscheinungen:

- Hinsichtlich Umfang und Dauer der Arbeit kommt es zu einem Kontrollverlust.
- Das ständige Gasgeben wird als einzig richtiges Arbeitsverhalten gesehen. Eine kurze Zeitspanne ohne Arbeit wird nicht akzeptiert, denn wer nicht komplett ausgelastet ist, arbeitet nur halbherzig.
- Die Arbeit steht ständig im Blickpunkt. In der Freizeit werden berufliche Probleme gewälzt und auch im Urlaub ist eine Abkopplung von beruflichen Fragestellungen dank zeitgemäßer Kommunikationsmöglichkeiten unerwünscht.
- Bleiben berufliche Anforderungen aus, kommt es zu Entzugserscheinungen mit entsprechenden körperlichen Reaktionen bis hin zur Freizeitkrankheit (Leisure Sickness). Laut einer Analyse im Auftrag der Internationalen Hochschule Bad Honnef aus dem Jahr 2017 kennt jeder fünfte Bundesbürger die Erkrankung, nachdem die Belastung durch den Beruf nachgelassen hat.
- Sonntagsneurosen oder Wochenenddepressionen lassen den Montag zum Lieblingstag werden, an dem man „endlich" wieder seinen beruflichen Verpflichtungen nachkommen darf.
- Krankheiten bewirken kaum Abwesenheiten vom Arbeitsplatz, zustehender Erholungsurlaub wird in viele kurze Urlaubsphasen aufgeteilt, Pausen während der Arbeitszeit glaubt man sich nicht leisten zu dürfen. Es kommt zu der Überzeugung: „Ohne mich brennt es an allen Ecken und Enden!"
- Die Arbeit ist nicht mehr Teil des Lebens, sie ist zum Lebenssinn geworden.

Nach Erkenntnissen des Wirtschaftspsychologen Poppelreuter zählen unter anderem Manager, Politiker und Führer großer Verbände, deren Ansehen, Macht und Einkommen von ihrem „unermüdlichen" Einsatz abhängen, zu den gefährdeten Berufsgruppen. Genauso trügen Erwerbstätige, die intensiv mit anderen Menschen arbeiten, etwa Ärzte, Sozialarbeiter und Lehrer, ein höheres Risiko, ihrer Arbeit zu verfallen.

Der Workaholic steuert mit seinem Arbeitsverhalten unbewusst und zielsicher auf den Burnout zu. Typisch für Burnout ist ein schleichender Verlauf, der zunächst verdrängt und mit vermehrtem Engagement kompensiert werden soll.

Symptomatisch für das Ausgebranntsein ist, dass sich der Berufstätige am Ende seiner Kräfte wähnt: ständig lustlos, schlapp, apathisch, wie eine leere weggeworfene Batterie.

Stufen des Burnouts

Stufe 1: Erste Anzeichen der Erschöpfung

- Schlafstörungen, Schmerzen, Tinnitus, unregelmäßiger Herzschlag
- gesteigerte Arbeitsaktivität
- verminderte Leistungsfähigkeit
- Reiz- und Kränkbarkeit

Stufe 2: Die Erschöpfung schreitet voran. Das Verhalten ändert sich, alles dreht sich nur noch um die Arbeit.

- aggressive Ausbrüche
- blinder Aktionismus
- Rückzug von Freunden und Familie
- Ohnmachtsgefühle
- Konzentrations- und Gedächtnisprobleme

Stufe 3: Leistung und Lebensmut schwinden. Körper und Geist steuern auf die völlige Erschöpfung zu.

- vollkommene Apathie
- Suizidgefahr
- Depression
- drohender Infarkt

Auch können frühe Todesfälle die Folge sein. In Japan spricht man vom Karoshi, dem Tod durch Überarbeitung.

Ein Burnout kündigt sich mit Warnsignalen an, die vom Betroffenen zunächst als schlechte Phasen abgetan werden („Das ist doch nur vorübergehend", „Das geht bald vorbei, ich habe alles im Griff"). Laut den Psychiatern Wolfgang Maier, Mathias Berger und Isabella Heuser können folgende Beschwerden auf einen bedenklichen Grad an Belastung hindeuten:

Keine Erholung:	Achtung, wenn selbst Urlaube das Gefühl der Erschöpfung nicht verringern – und das über einen längeren Zeitraum hinweg.
Keine Motivation:	Genauer hinschauen sollte, wer sich nur noch in den Job quält und jede Freude an der Arbeit verloren hat.
Keine Energie:	Lustlosigkeit, kein Appetit, Mattigkeit. Wenn man große Energie aufwenden muss für Dinge, die sonst leicht zu erledigen waren, kann das ein Zeichen einer Krise sein.

Schlafstörungen:	Wer über eine längere Zeit Probleme mit der Nachtruhe hat (vor allem in der Nacht von Sonntag auf Montag), sollte prüfen, ob Dauerstress damit zusammenhängen könnte.
Sozialer Rückzug:	Wer sich von seiner Umwelt zunehmend abwendet, zynisch wird und keinen Sinn mehr sieht in dem, was er tut, ist gefährdet.

Provozierend kann angemerkt werden, dass sich der ausgebrannt Fühlende selbst in eine Verfassung gebracht hat, die es ihm nicht mehr möglich macht, seinen Aufgaben in vollem Umfang nachzukommen. Häufig hat ein Workaholic in seiner Besessenheit über einen längeren Zeitraum hinweg die Selbstfürsorge missachtet und Raubbau an seinen physischen und psychischen Ressourcen betrieben. Dieser führte schließlich zu einem absehbaren Verschleiß der nicht unendlich auftankbaren Kräfte. Hätte der Workaholic doch besser auf den Philosophen Arthur Schopenhauer gehört:

> DIE GRÖSSTE TORHEIT IST, SEINE GESUNDHEIT AUFZUOPFERN,
> FÜR WAS ES AUCH SEI.

Manchmal mag das selbstentwickelte hektische Lebensprogramm durch eine bewusst eingestreute schöpferische Pause verändert werden. Vielleicht führt im Einzelfall das Überdenken des bisherigen Lebensstils zu einer Neuorientierung, die wieder Lebenssinn vermittelt. Möglicherweise kann auch der Gang zum Arzt/Psychiater erforderlich werden, um pathologischen Zuständen zu begegnen.

Reaktionsmöglichkeiten

Sie dürfen keinesfalls passiv bleiben und zusehen, wie sich ein Workaholic ohne Murren bis zum Umfallen abrackert. Sie sollten nicht übersehen, dass Sie als verlängerter Arm des Arbeitgebers gegenüber Ihren Mitarbeitern die Fürsorgepflicht wahrnehmen müssen. Ein „Kopf-in-den-Sand-stecken“ wäre eine Verletzung der Fürsorgepflicht und aus moralischen Gründen nicht vertretbar.

Kristallisiert sich einer Ihrer Mitarbeiter als Workaholic heraus, sollten Sie den Mitarbeiter bei seiner übermäßigen Arbeitssucht bremsen – auch wenn das bei Ihnen zu einem Gewissenskonflikt führt. Zumeist ist der Mitarbeiter mit seinen umfangreichen Fertigkeiten und Kenntnissen sowie seinem hohen Arbeitseinsatz zu einem Wunsch-Mitarbeiter geworden. Er erreicht mit seinem hohen Reifegrad (das heißt Wille und Fähigkeit des Mitarbeiters, sich hohe, aber erreichbare Ziele zu setzen, selbstständig Probleme zu lösen und die betrieblichen Aufgaben bestmöglich zu erledigen) betriebliche Ziele optimal und trägt in vorbildlichem Umfang zum Betriebserfolg bei. Halten Sie ihn nun von seinem weit überdurchschnittlichen Schaffensdrang zurück, sägen Sie an dem Ast, auf dem Sie selbst sitzen. Schreiten Sie aber nicht gegen die Selbstausbeutung des Mitarbeiters ein, verletzen Sie aus vordergründigen Motiven Ihre Fürsorgepflicht und schieben nur den Zeitpunkt hinaus, bis es beim Mitarbeiter zu einem massiven Leistungsknick bis hin zum Komplettausfall kommt.

Sie wünschen sich erfolgreiche Mitarbeiter und tun Ihr Möglichstes, dieses Ziel zu unterstützen. Dabei sind Sie sehr beeindruckt, wenn ein Mitarbeiter sich mit viel Energie und Eifer seiner Arbeit widmet, einen überdurchschnittlichen Leistungswillen zeigt und oft erstaunliche Leistungen vollbringt. Nimmt der Arbeitsdrang bei einem Mitarbeiter aber krankhafte oder suchtähnliche Züge an, bremsen Sie diese Entwicklung im Interesse aller Beteiligten! Sie wissen, dass die Balance zwischen Arbeits- und Privatleben eine wesentliche Voraussetzung ist, damit Einsatzbereitschaft, Loyalität und Motivation der Mitarbeiter langfristig stimmen. Indem der Mitarbeiter sein selbstgeschaffenes Hamsterrad verlässt und seinen Arbeitseinsatz auf ein akzeptables/gesundes Maß zurückführt, kommt die außer Kontrolle geratene Work-Life-Balance wieder ins Gleichgewicht. Dann ist er auch eher immun gegen schlechte Laune, die ein Workaholic häufig um sich verbreitet.

Vielfach erkennt der Mitarbeiter kaum mehr, dass er von der Arbeit wie von einer Droge abhängig ist. Er begründet seinen Arbeitseifer mit Spaß an seiner Arbeit, mit seiner Begeisterung für seinen Job, mit seinem ausgeprägten Pflichtbewusstsein, mit sachlichen Aspekten, mit vorgeschobenen Terminen, Verantwortungen oder den bekannten Eisen im Feuer, die unbedingt zeitnah zu erledigen sind.

In einem vertrauensvollen Gespräch führen Sie dem Extremjobber die Symptome seiner Arbeitssucht vor Augen, damit er sein Problem für sich erkennt und sich dessen bewusst wird. Zunächst wird er sich kaum selbst von seiner Sucht befreien können, sodass er die Hilfe eines Arztes/Psychotherapeuten in Anspruch nehmen oder Treffen von Selbsthilfegruppen wie die Anonymen Arbeitssüchtigen besuchen sollte. Den Versuch, dem Mitarbeiter als Amateurtherapeut zur Seite zu stehen, sollten Sie gar nicht erst unternehmen, denn im Regelfall fehlt die erforderliche Qualifikation. Zudem ist fraglich, ob der Mitarbeiter aus Überzeugung seinen Chef als Therapeuten akzeptiert.

Stattdessen sollten Sie eine soziale Dienstleistung übernehmen: Verschließen Sie sich der Situation nicht, sondern bieten Sie Ihrem Mitarbeiter an, künftig als „Klagemauer zur Verbesserung der allgemeinen seelischen Funktionsfähigkeit“ zur Verfügung zu stehen.

4

LETZTE OPTION: ARBEITSRECHTLICHE SCHRITTE

Es liegt im Ermessen des Arbeitgebers, ob und welche arbeitsrechtlichen Schritte er bei Fehlverhalten seiner Mitarbeiter einleitet. Dafür stehen ihm mehrere Maßnahmen zur Verfügung.

Ermahnung

Die mildeste Form der Disziplinarmaßnahmen ist die Ermahnung. Mit ihr missbilligt der Arbeitgeber ein bestimmtes Verhalten seines Arbeitnehmers. Da der Arbeitgeber nicht damit droht, im Wiederholungsfall das Arbeitsverhältnis zu kündigen, sind mit dieser abgespeckten Version einer Abmahnung keine rechtlichen Konsequenzen für den Fall einer wiederholten Pflichtverletzung verbunden. Dem Arbeitgeber steht es frei, ob er mündlich oder schriftlich ermahnt. Wird eine schriftliche Ermahnung der Personalakte zugefügt, sollte der Arbeitnehmer sie aber nicht als unwichtige Formsache betrachten. Schließlich kann sich die Ermahnung nachteilig auf den weiteren Berufsweg auswirken.

Abmahnung

Die Abmahnung ist regelmäßig die Vorstufe einer verhaltensbedingten Kündigung. Sie ist ein Hinweis des Arbeitgebers, dass der Arbeitnehmer seinen vertraglichen Verpflichtungen nicht nachgekommen ist oder gegen Regeln verstoßen hat. Die Abmahnung ist mit einem Schuss vor den Bug vergleichbar, mit welchem dem Mitarbeiter die Konsequenzen aufgezeigt werden, die ihm drohen, wenn er sein Verhalten nicht ändert.

Letztlich dient die Abmahnung dem Schutz des Arbeitnehmers, denn sie führt ihm deutlich die Folgen einer wiederholten Pflichtverletzung vor Augen und gibt ihm die Chance, das abgemahnte Verhalten künftig abzustellen. Kommt es dennoch wiederholt zu gleichartigen Pflichtverstößen im Arbeitsverhältnis, kann aus einer Abmahnung schnell eine Kündigung werden.

Eine Abmahnung ist auf Fehlverhalten oder schlechte Leistungen eines Arbeitnehmers beschränkt, die seine arbeitsvertraglich geregelten Pflichten und Nebenpflichten betreffen. Sie müssen auf einem vom Mitarbeiter steuerbaren/änderbaren Verhalten beruhen. So kommt eine Abmahnung nicht bei Schlechtleistungen mangels hinreichenden Könnens des Mitarbeiters in Betracht.

Gründe für Abmahnungen können beispielsweise sein:

- wiederholt mangelhafte oder grob fehlerhafte Arbeitsleistung
- Bummelei
- Handgreiflichkeiten

- Unpünktlichkeit
- Missachtung von Arbeitsanweisungen
- Weitergabe von Betriebsgeheimnissen
- Verstöße gegen Sicherheitsvorschriften
- ausbleibende Krankmeldung (diese muss spätestens vor dem üblichen Arbeitsantritt erfolgen)
- verspätete oder ausbleibende Vorlage von Arbeitsunfähigkeitsbescheinigungen (falls der Arbeitgeber nicht von der gesetzlichen Regelung abweicht, muss die Bescheinigung spätestens nach dem dritten Tag der Arbeitsunfähigkeit – also am Tag vier – vorliegen)
- Bagatelldiebstahl
- unentschuldigtes Fehlen, eigenmächtige Urlaubsverlängerung
- Arbeitszeitbetrug durch unzulässige private Verrichtungen während der Arbeitszeit
- Nutzung von Telefon, Internet oder E-Mails für private Zwecke, obwohl dies offiziell untersagt ist
- Arbeit für ein Konkurrenzunternehmen ohne entsprechende Zustimmung
- Arbeitsverweigerung
- Urlaubsantritt ohne Genehmigung
- übermäßiges Ausdehnen von Pausen (Raucherpausen, Kaffeeküchenplausch)
- respektloses oder aggressives Verhalten gegenüber anderen Betriebsangehörigen und Kunden
- Verbreitung unwahrer Informationen zum Schaden des Arbeitgebers
- unsittliche Belästigung und Mobbing von Kollegen
- wiederholte unsachgemäße Behandlung oder Beschädigung von Arbeitsgeräten
- Missachtung von Rauch-/Alkohol-/Suchtmittelverboten

Zwar ist eine mündliche Abmahnung möglich (dann bitte nur im Beisein eines Zeugen), dennoch sollten Sie eine schriftliche Abmahnung (bereits in der Überschrift sollte das Wort „Abmahnung“ hervorstechen, damit der Mitarbeiter den Ernst der Lage sogleich erkennen kann) bevorzugen, denn mit ihr haben Sie in einem möglichen Rechtsstreit ein aussagekräftiges Beweismittel in Händen. Deshalb muss das Fehlverhalten auch genau bezeichnet werden:

> Wann (Datum und Uhrzeit) hat der Mitarbeiter
> wo (Ort) und gegenüber
> wem
> was genau getan oder nicht getan, und
> welche Zeugen gibt es hierfür?

Sie lassen sich vom Mitarbeiter den Empfang der Abmahnung bestätigen und nehmen eine Kopie mit dem Empfangsvermerk zur Personalakte. Bei leichten Verstößen kann die Abmahnung nach sechs Monaten, in schweren Fällen nach zwei Jahren aus der Personalakte entfernt werden.

Die folgenden Beispiele von Abmahnungen betreffen die Sachverhalte Arbeitsverweigerung und Zuspätkommen (vgl. Seite 39 und 68).

Eine Abmahnung soll detailliert drei Aspekte abdecken:

Dokumentation

Neben den Daten des Unternehmens und des Arbeitgebers muss die zur Last gelegte Pflichtverletzung detailliert geschildert werden. Der Hinweis „Frau Meier kommt immer wieder zu spät" genügt nicht. Es ist genau aufzuführen, wann, an welchem Ort und wie lange sich die Mitarbeiterin verspätete.

Beanstanden

Mit Hinweis auf den Arbeitsvertrag muss die Pflichtverletzung des Arbeitnehmers beanstandet und der Arbeitnehmer aufgefordert werden, diese Pflichtverletzung künftig zu unterlassen.

Warnen

Mögliche arbeitsrechtliche Konsequenzen wie eine Kündigung bei weiteren Vorfällen müssen aufgeführt werden.

Achtung: Abmahnungsberechtigt ist der Arbeitgeber und die von ihm dazu beauftragten Personen, üblicherweise der Vorgesetzte des Arbeitnehmers. Damit Sie nicht unglaubwürdig werden und an Autorität verlieren, klären Sie im Unternehmen vor der Androhung einer Abmahnung, ob Sie zuständig sind. Trifft dies nicht zu, binden Sie Ihren eigenen Vorgesetzten ein und sichern sich die Unterstützung der Personalabteilung. Es muss klar sein, dass die zuständige Stelle im Falle eines Falles mitzieht bis zur letzten Konsequenz, das Arbeitsverhältnis verhaltensbedingt zu kündigen. Der Betriebsrat muss vor dem Aussprechen einer Abmahnung weder informiert noch angehört werden.

Muster-Abmahnungen

Briefkopf des Arbeitgebers mit Ort und Datum

Abmahnung

Sehr geehrter Herr ...,
am ... um ... Uhr wurden Sie in Ihrem Büro von Ihrem Vorgesetzten, Herrn X, in Anwesenheit von Frau Y, angewiesen, die am gleichen Tag eingegangene Reklamation der Firma Z sofort zu bearbeiten. Die besondere Eilbedürftigkeit dieser Aufgabe wurde Ihnen dabei dargestellt. Obwohl Ihr Vorgesetzter Sie aufforderte, alle übrigen Arbeiten zunächst ruhen zu lassen und sich sofort dem Anliegen der Firma Z zu widmen, ignorierten Sie diesen Auftrag mit dem Hinweis: „Die Firma Z kann warten, bis sie dran ist. Nur weil sie großen Druck auf uns ausübt, kommt sie bei mir nicht früher an die Reihe, sie kann sich sicherlich noch bis zum Wochenende gedulden." Dennoch wies Sie Herr X mehrmals auf die Priorität der Aufgabe hin und forderte Sie zur umgehenden Reklamationserledigung auf. Sie sind diesen Aufforderungen nicht nachgekommen und haben den Auftrag nicht erledigt.

Hiermit mahnen wir Sie ab. Zu Ihren arbeitsvertraglichen Pflichten zählt es, den Weisungen Ihres Vorgesetzten zu folgen. Wir bestehen darauf, dass Sie dieser Verpflichtung künftig unverzüglich nachkommen.

Wir weisen Sie ausdrücklich darauf hin, dass eine weitere Missachtung von Anweisungen Ihres Vorgesetzten zu arbeitsrechtlichen Konsequenzen führen kann. Dabei ist auch an die Kündigung des mit Ihnen am ... abgeschlossenen Arbeitsvertrags zu denken.

Eine Kopie dieser Abmahnung nehmen wir zu Ihrer Personalakte.

Mit freundlichen Grüßen

Unterschrift Arbeitgeber

Bestätigung des Arbeitnehmers:
Die Abmahnung habe ich erhalten.

Ort, Datum, Unterschrift Arbeitnehmer

Briefkopf des Arbeitgebers mit Ort und Datum

Abmahnung

Sehr geehrte Frau ...,
in Ihrem Arbeitsvertrag vom ... sind die genauen Arbeitszeitregelungen festgelegt. Heute sind Sie ohne entschuldbaren Grund erst um ... und damit 40 Minuten verspätet an Ihrem Arbeitsplatz in ... erschienen. Bedauerlicherweise handelt es sich nicht um eine einmalige Verspätung. Bereits am ... verspäteten Sie sich und nahmen erst um .... Ihre Arbeit auf, am ... erschienen Sie erst um .... In beiden Fällen wurden Sie mündlich belehrt und aufgefordert, künftig pünktlich Ihre Arbeit aufzunehmen.

Sie haben heute erneut gegen die arbeitsvertraglichen Arbeitszeitregelungen verstoßen und sich nicht an die am ... und ... mündlich ausgesprochenen Ermahnungen gehalten. Ihr Zuspätkommen führte zu erheblichen Störungen im Betriebsablauf. Ein solches Verhalten missbilligen wir und mahnen Sie hiermit ab.

Von Ihnen werden ein pünktliches Eintreffen an Ihrem Arbeitsplatz und eine pünktliche Aufnahme Ihrer Arbeit erwartet. Kommt es erneut zu Verspätungen, müssen Sie mit arbeitsrechtlichen Konsequenzen bis hin zu einer Kündigung des Arbeitsverhältnisses rechnen.

Eine Ausfertigung dieser Durchschrift wird Ihrer Personalakte zugefügt.

Mit freundlichen Grüßen

Unterschrift Arbeitgeber

Bestätigung des Arbeitnehmers:
Die Abmahnung habe ich erhalten.

Ort, Datum, Unterschrift Arbeitnehmer

Kündigung

Die Kündigung ist der schärfste und folgenschwerste Eingriff in ein Arbeitsverhältnis und stellt das letzte Mittel für den Arbeitgeber dar, auf ein bestimmtes Fehlverhalten des Arbeitnehmers zu reagieren. Deshalb muss sie so gut vorbereitet und überzeugend zu Papier gebracht werden, dass der Arbeitgeber bei einem Prozess vor dem Arbeitsgericht nicht „abgeschmettert" wird, sondern sich mit seiner Kündigung durchsetzt.

Achtung: Auf keinen Fall darf auf die Anhörung des Betriebsrats gemäß § 102 des Betriebsverfassungsgesetzes verzichtet werden, denn eine ohne Anhörung des Betriebsrats ausgesprochene Kündigung ist unwirksam. Im Zweifelsfall wird die Einschaltung einer juristischen Unterstützung hilfreich sein.

Die Kündigung muss immer schriftlich in Papierform erfolgen (keinesfalls per E-Mail) mit einer eigenhändigen und ausgeschriebenen Unterschrift unter dem Text. Hierbei ist zu beachten, dass die Kündigung von einer Person unterschrieben wird, die befugt ist, das Unternehmen zu vertreten, beispielsweise Geschäftsführer, Prokuristen oder Personalleiter.

Eine ordentliche verhaltensbedingte Kündigung ist nur zulässig, wenn dem Arbeitnehmer wegen eines gleichartigen Fehlverhaltens bzw. einer gleichartigen Pflichtverletzung eine wirksame Abmahnung erteilt worden ist. Häufig ist die Auffassung zu hören, dass erst nach der dritten Abmahnung eine Kündigung zu befürchten ist. Tatsächlich reicht bereits eine Abmahnung, um eine Kündigung zu rechtfertigen.

Beispiele für verhaltensbedingte Kündigungsgründe sind:

- Verletzung der Verschwiegenheitspflicht
- Urlaubsüberschreitung
- Tätlichkeiten
- Arbeitsverweigerung
- Ausländerfeindliche Äußerungen
- Straftaten oder Belästigungen unter Arbeitskollegen

Bei der ordentlichen verhaltensbedingten Kündigung muss der Arbeitgeber immer eine Interessenabwägung vornehmen. Hierbei kann er zum Beispiel berücksichtigen:

- Dauer der Betriebszugehörigkeit
- Länge der Kündigungsfrist
- Höhe des verursachten Schadens
- Grad des Verschuldens
- Wiederholungsgefahr
- Erhaltung des Betriebsfriedens
- Abschreckung für andere Mitarbeiter

Der Arbeitgeber kann auf eine Abmahnung verzichten und sofort kündigen, wenn trotz Abmahnung künftig keine Verhaltensänderung beim Mitarbeiter erwartet werden kann oder es sich um eine so schwerwiegende Pflichtverletzung handelt, deren Rechtswidrigkeit dem Mitarbeiter ohne Weiteres erkennbar ist und vom Arbeitgeber keinesfalls hingenommen werden kann.

Die fristlose Kündigung muss innerhalb von zwei Wochen, nachdem der Arbeitgeber von der schwerwiegenden Pflichtverletzung erfahren hat, ausgesprochen werden. So hat der Arbeitgeber Zeit, Ermittlungen anzustrengen und den Sachverhalt aufzuklären. Wird die fristlose Kündigung nicht innerhalb dieser Frist ausgesprochen, ist sie unwirksam.

Zu den schwerwiegenden Pflichtverletzungen zählen:
- beharrliche Verweigerung der geschuldeten Arbeitsleistung
- Vermögensdelikte zulasten des Arbeitgebers (z. B. Diebstahl, Betrug, Unterschlagung)
- Annahme von Bestechungen
- Erschleichen von Arbeitsunfähigkeitsbescheinigungen
- Alkohol- und Drogensucht
- Tätlichkeiten gegenüber dem Arbeitgeber
- grobe Beleidigungen von Vorgesetzten
- unsittliches Verhalten gegenüber Kollegen
- Verrat von Betriebsgeheimnissen
- schwere Verstöße gegen das Wettbewerbsverbot
- Vollmachtsmissbrauch
- Vortäuschen des Besitzes einer Arbeitserlaubnis

Aufgepasst: Eine Abmahnung verbraucht den Kündigungsgrund. Das bedeutet, auf die abgemahnte Pflichtverletzung bzw. das abgemahnte Fehlverhalten kann sich der Arbeitgeber in einer späteren Kündigung nicht mehr beziehen. Das gilt nicht, wenn trotz einer wirksamen Abmahnung weitere gleichartige Pflichtverletzungen durch den Arbeitnehmer folgen.

STICHWORTVERZEICHNIS

Abmahnung 28, 69, 75, 178, 207
Abwehrmechanismen 66
Aggressiver 35
Aktivierungsgespräch 81
Alkoholkonsument 31
ALPEN-Methode 156
Anerkennung 149
Angreifer 35
Anweisungen 15, 144
Arbeitsleistung 91
Arbeitsunfähigkeitsbescheinigung 38
Arbeitsverweigerer 39
Arbeitszeitbetrüger 41
Ärger 15
Aufschieber 43
Außenseiter 45

Beleidiger 46
Besserwisser 48
Betriebstourist 51
Blaumacher 53
Blender 164
Blickkontakt 15. 26, 44
Boreout-Infizierter 55
Bremser 57
Burnout 142, 201

Change it 66
Choleriker 61
Chronischer Miesmacher 64
Chronischer Zuspätkommer 48

Darf-nicht-Problem 126
Delegation 103, 128
Demotivierter 110
Denunziant 71
Destruktiver Oppositioneller 73
Dieb 75
Distanzzone 101
Drückeberger 78
Durchatmen 27
Durchsetzen 25
Durchsetzungsvermögen/-kraft 12

Eigenbrötler 45
Einwirkungsmöglichkeiten 151
Emotionen 17, 60
Entscheidungsprozess 82
Entscheidungsschwacher 80
Ermahnung 207
Extrovertierter 115

Fachwissen 128
Fakten 25, 165 186
Faulpelz 85
Feedback 198
Fehler 105, 137, 191
Fehlerkultur 190
Flucher 87
Fluktuationsbereitschaft 129
Fortbildungsmuffel 89
Fragen 111
Freistellung 70
Frustrierter 92
Fürsorgepflicht 147, 202

Gegenhalten 25
Gekündigter 95
Gerücht 84
Gewohnheitstier 99
Grapscher 101
Grenzüberschreiter 102

Hackordnung 182
Hypochonder 104

Ideenkiller 106
Ignorieren 35
Informeller Führer 108, 134
Inkompetenzkompensationskompetenz 164
Innerlich Gekündigter 110
Interessenabwägung 153
Intrigant 114
Introvertierter 171

Jammerlappen 116

Kann-nicht-Problem 125
Killerphrasen 152
Klatschtante 119

Konflikte 11
Kontern 25
Kontrollfreak 122
Körperkontakt 101
Körpersprache 22, 92
Krankheit 75
Kritik 76, 109
Kritikgespräch 194
Kündigung 211

Lachen 67, 109, 150
Langeweile 55
Lebenslanges Lernen 89
Leave it 66
Leistungsschwacher 124
Love it 65
Lügner 128

Miesmacher 64
Minderleister 124
Misstrauischer 130
Mobber 133

Nachgeben 35
Neider 138
Nein-Sager 15
Nestbeschmutzer 140
Nichtdelegierer 142
Nörgler 45

Omega-Huhn 182
Optimist 151
Ordnung am Arbeitsplatz 123

Pareto-Prinzip 147
Pedant 145
Perfektionist 145
Persönliches Problem 126
Pessimist 149
Phrasendrescher 152
Planloser 155
Privates Telefonieren 41
Pseudo-Burnout-Stratege 157

Quasselstrippe 159

Radfahrer 166
Raucherpausen 41
Redseliger 159
Reifegrad 149
Rückdelegierer 161
Rückkehr zur Sache 36
Rückzahlungsvereinbarung 91

Schaumschläger 164
Schimpfwörter 87
Schreibtischchaot 168
Schuldabwälzer 191
Schleimer 166
Schweiger 171
Selbstbeeinflussung 22
Sensibler 173
Sexuelle Übergriffe 101
SMART 20
Souveränität 37
Spezialist mit Diva-Allüren 175
Stellvertreter 180
Stichprobenkontrolle 123
Strategische Kontrollpunkte 123
Streitsüchtiger 178
Stuhlsäger 180
Sturkopf 188
Subjektives Informationsbedürfnis 119
Suchtmittel 34
Sündenbock 45, 182

Totalkontrolle 87
Trennungsgespräch 95
Trennungspaket 96
Tränen 173
Tunnelblick 99, 171

Überqualifizierter 184
Übertreiber 186
Uneinsichtiger 188
Unpünktlichkeit 68
Unschuldslamm 191
Unsicherheitssignale 37
Unzuverlässiger 194

Veränderungsblockierer 40
Versprechungen 67
Vertrauen 94
Videoüberwachung 55
Vorbild 12, 95

Weichmacher 16
Weiß-nicht-Problem 125
Weisungsmissachter 196
Weisungsrecht 114, 197
Weiterbildung 63
Weitschweifiger 23, 159
Wichtigtuer 165
Will-nicht-Problem 126
Work-Life-Balance 203
Workaholic 200

Zauderer 80
Ziele 19, 83, 106, 146
Zeitplanung 113
Zuspätkommer 68

Hans-Jürgen Kratz
ist erfolgreicher Fachbuchautor und veröffentlichte zahlreiche Bücher zu den Themen Mitarbeiterführung, Selbstmanagement und Kommunikation. Er war langjährig als Führungskraft mit unterschiedlichen Schwerpunkten tätig. Seit 1995 arbeitete er als freier Trainer und Dozent und vermittelte sein Wissen in mehr als 600 Seminaren.

Weitere Titel von Hans-Jürgen Kratz bei metro**politan**:

Erfolgreich führen von A–Z
Für gute Vorgesetzte und zufriedene Mitarbeiter
ISBN 978-3-96186-000-5

Chef-Checkliste Mitarbeiterführung
111 wichtige Regeln für mehr Führungskompetenz
ISBN 978-3-96186-010-4

Ich mach das jetzt!
ISBN 978-3-96186-007-4